Dr. Dennis Wörmann
Jos Carboex

Einführung in die Finanzmathematik

W0072784

Bibliografische Information der Deutschen Nationalbibliothek
Die Deutsche Nationalbibliothek verzeichnet diese Publikation in der
Deutschen Nationalbibliografie; detaillierte bibliografische Daten
sind im Internet über http://dnb.d-nb.de abrufbar.

Dennis Wörmann, Jos Carboex
Einführung in die Finanzmathematik
Grundlagenwissen für Wirtschaftswissenschaftler

Berlin: Pro BUSINESS 2011

ISBN 978-3-86805-837-6

2. überarbeitete Auflage 2011

book-on-demand ... Die Chance für neue Autoren!
Besuchen Sie uns im Internet unter www.book-on-demand.de

Einführung in die Finanzmathematik

Grundlagenwissen
für
Wirtschaftswissenschaftler

2. Auflage

Dr. Dennis Wörmann
Jos Carboex

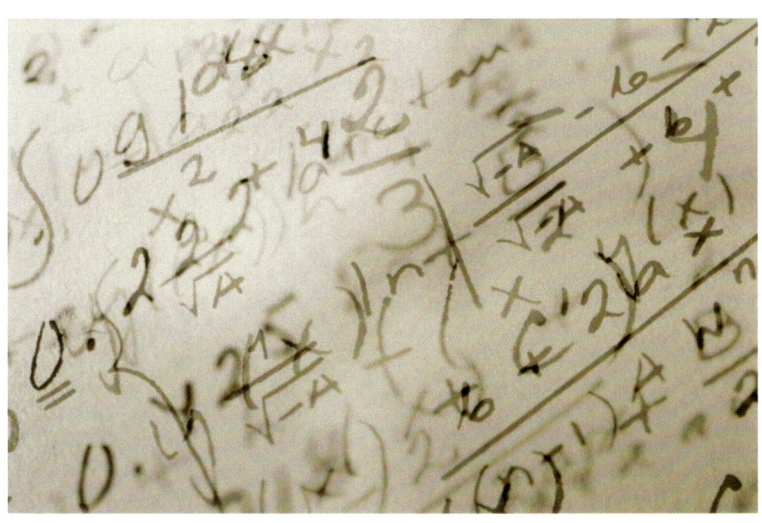

Vorwort

„... So eine Arbeit wird eigentlich nie fertig,
man muss sie für fertig erklären,
wenn man nach Zeit und Umständen das Möglichste getan hat. "
Goethe (1787)

Die Autoren Dr. Dennis Wörmann und Jos Carboex unterrichten seit vielen Jahren an der Fontys International Business School Venlo in den Niederlanden. Dr. Dennis Wörmann ist Leiter des Studienganges International Marketing und Jos Carboex ist Dozent im Studiengang International Business Economics.

Dieses Lehrbuch gibt eine erste Einführung in die Finanzmathematik und möchte den Leser an die komplexe Materie dieses Fachgebietes langsam heranführen. Ferner wird ein allgemein verständlicher Einblick in die verschiedenen Bereiche der Zins- und Zinseszinsrechnung, der Investitions- und Rentenrechnung, sowie der Tilgungs- und Annuitätenrechnung gegeben. Das Lehrbuch richtet sich an Studenten der Fontys International Hogeschool Economie, Studenten von Fachhochschulen und Universitäten sowie an alle Interessierte, die sich mit dem Thema Finanzmathematik beschäftigen möchten. Vordergründig wird hier die Anwendung von Rechentechniken für die Praxis beschrieben und anhand von relevante Beipeilen detailliert erläutert.

Die 2. Auflage liefert sowohl neue Kapitel als auch im Anhang die detaillierten Lösungen – somit inklusive Lösungsweg – zu allen im Buch vorkommenden Aufgaben am Ende der jeweiligen Kapitel.

Ein besonderer Dank gilt Alexandra Buffen und Paul Slaats, die während der Bucherstellung immer wieder motivierend und tatkräftig zur Seite standen. Durch viele anregende Diskussionen und Hinweise haben sie den Verlauf dieses Projektes stets positiv beeinflusst und dienten überdies noch als Lektoren.

Venlo, Oktober 2010

Dr. D.Wörmann   J.Carboex

Inhaltsverzeichnis

Abbildungsverzeichnis

Tabellenverzeichnis

1. Einführung in die Finanzmathematik

Die Finanzmathematik ist ein Teilgebiet der angewandten Mathematik, das auf den mathematischen Grundlagen von Folgen und Reihen basiert. Sie wird genutzt zur Berechnung in der Zinsrechnung, Rentenrechnung, Tilgungsrechnung und Investitionsrechnung[1].

Die Finanzmathematik beinhaltet überdies mathematische Verfahren zur rechnerischen Behandlung der Hergabe, Verzinsung und Rückzahlung von Geld oder in Geldeinheiten bewerteten Güter.

Ein konkretes Beispiel verdeutlicht die Relevanz finanzmathematischer Sachverhalte. Angenommen ein Bekannter verkauft Ihnen seinen gebrauchten Laptop und bietet Ihnen zwei Zahlungsalternativen an.

- Alternative 1: 500,-€ sofort bar bei Abholung
- Alternative 2: 10 x 60,-€ monatlich

Es macht den Anschein, dass 10 x 60,-€ = 600,-€ die deutlich bessere Alternative darstellt, doch die weiteren Kapitel in diesem Buch werden zeigen, dass Faktoren wie z.B. der Zinssatz einen enormen Einfluss auf die Vorteilhaftigkeitsentscheidung nehmen können.

Hinsichtlich der betrieblichen Anwendung der Finanzmathematik lässt sich folgendes festhalten. Die Finanzmathematik nutzt den Einsatz finanzwirtschaftlicher Verfahren zur Entwicklung von Entscheidungsgrundlagen für Investitions- und Finanzierungsvorhaben, die im weiteren Verlauf dieses Buches detailliert beschrieben werden.

---

[1] Vgl. Holland, 2010, Index „F".

Vielfach kommt es in der Praxis vor, dass Unternehmer vor Finanzierungsalternativen beziehungsweise Investitionsalternativen stehen. Deshalb sollen an dieser Stelle die Begriffe Investition und Finanzierung den Lesern näher erläutert werden.

Heutzutage werden beide Begriffe in der Regel monetär definiert.[2]

Eine **Investition** ist durch eine Zahlungsreihe gekennzeichnet, die mit einer Auszahlung beginnt.[3]

Eine **Finanzierung** ist durch eine Zahlungsreihe gekennzeichnet, die mit einer Einzahlung beginnt.[4]

Investitionen sind z.B.
- ein Taxiunternehmer kauft für sein Unternehmen ein neues Auto,
- ein Unternehmer kauft neue Aktien,
- ein Chemieunternehmen erwirbt ein neues Patent,
- usw.

Finanzierungen erfolgen, wenn
- ein Unternehmer einen Bankkredit aufnimmt,
- ein Unternehmer einen Lieferantenkredit aufnimmt,
- neue Gesellschafter in eine GmbH aufgenommen werden,
- usw.

---

[2] Das ist die betriebswirtschaftliche Sicht. Gesamtwirtschaftlich gilt jener Teil des Bruttoinlandsproduktes als Investition, der nicht an Haushalte abgesetzt wird, sondern dort verbleibt wo er entstanden ist – im Unternehmenssektor. Däumler, 2002, S. 22
[3] Däumler, 2002, S. 21
[4] Däumler, 2002, S. 21

Mittels nachfolgendem Beispiel wird der Enge Zusammenhang zwischen Investition und Finanzierung deutlich.

Ein Unternehmer möchte eine Hypothek in Höhe von 500.000,- € auf sein Mehrfamilienhaus aufnehmen. In den folgenden drei Jahren zahlt er der Bank jährlich 200.000,- € zurück.

Aus der Sicht der Bank entsteht folgendes Investitionstableau.

Tabelle 1: Investitionstableau [5]

	Periode 0	Periode 1	Periode 2	Periode 3
Auszahlung in €	- 500.000			
Einzahlung in €		+200.000	+200.000	+200.000

Aus der Sicht des Unternehmers entsteht folgendes Finanzierungstableau.

Tabelle 2: Finanzierungstableau[6]

	Periode 0	Periode 1	Periode 2	Periode 3
Einzahlung in €	+ 500.000			
Auszahlung in €		-200.000	-200.000	-200.000

Die Zahlungsreihen unterscheiden sich lediglich durch das Vorzeichen. Dieser Vorgang kann, je nach Standpunkt der Beteiligten, sowohl eine Finanzierung als auch eine Investition darstellen. Investition und Finanzierung sind somit zwei Seiten ein und derselben Medaille.

---

[5] Quelle: eigene Darstellung
[6] Quelle: eigene Darstellung

Merke:
Einzahlungen und Auszahlungen, die zu verschiedenen
Zeitpunkten anfallen, dürfen nie ohne weiteres
  - addiert,
  - subtrahiert oder
  - miteinander verglichen werden

Beispiel:
Wählen Sie zwischen den beiden Investitionsalternativen die
bessere aus und begründen Sie Ihre Entscheidung!

Investition A
Die Anschaffungskosten dieser Investition betragen 500.000 €.
In den folgenden drei Jahren werden konstante Einzahlungen in
Höhe von 250.000 € erwartet.

Tabelle 3: Investitionstableau 1[7]

	Periode 0	Periode 1	Periode 2	Periode 3
Auszahlung in €	- 500.000			
Einzahlung in €		+250.000	+250.000	+250.000
Einzahlungs-überschüsse in €	- 500.000	+250.000	+250.000	+250.000

---

[7] Quelle: eigene Darstellung

Investition B
Alternative B weist Anschaffungskosten in der gleichen Höhe
auf, jedoch wird die Einzahlung von 745.000 € in einem Betrag
nach Ablauf von drei Jahren erwartet.

Tabelle 4: Investitionstableau 2[8]

	Periode 0	Periode 1	Periode 2	Periode 3
Auszahlung in €	- 500.000			
Einzahlung in €				+745.000
Einzahlungs- überschüsse in €	- 500.000			+745.000

Treffen Sie Ihre Entscheidung!

Nun stellen Sie fest, dass Einzahlungen und Auszahlungen, die
zu verschiedenen Zeitpunkten anfallen nicht ohne weiteres miteinander verglichen werden können. Ohne finanzmathematische
Kenntnisse lässt sich nicht exakt die vorteilhaftere Alternative
bestimmen.

---

[8] Quelle: eigene Darstellung

2. Das Modell der einfachen Zinsrechnung

Das Modell der einfachen Zinsrechnung beruht auf dem Grundsatz, dass Zinsansprüche, die während der Laufzeit des Kapitalüberlassungsvertrages entstehen, niemals dem zinstragenden Kapital zugeschlagen werden.

Ausgangspunkte der Zinsrechnung sind

- **Anfangskapital K_0**
- **Laufzeit n**
- **Endkapital K_n**
- **Zins (Zinssatz)** $\quad (i = \dfrac{p}{100})$

Um sich mit den Begriffen eindeutig verständigen zu können, braucht man klare Messvorschriften.

Das Anfangskapital wird ebenso wie das Endkapital in Währungseinheiten gemessen, also beispielsweise in Euro(s) oder US Dollar.

Als Maßeinheit für die Laufzeit ist grundsätzlich das Jahr zu verwenden, mitunter aber auch kürzere Zeitintervalle wie Halbjahre (Semester), Quartale, Monate und Tage. Der Standardfall für die Laufzeitmessung ist das Jahr. Gewisse Probleme entstehen durch die Tatsache, dass Kalenderjahre nicht immer gleich lang sind (Schaltjahr) und dass auch Monate, Quartale und Halbjahre keine eindeutige Länge besitzen, wenn man sie etwa in Tagen misst.

Um diese Schwierigkeiten unseres Kalenders[9] zu vermeiden, arbeitet man im Bankwesen und in der Finanzmathematik mit standardisierten Zeitintervallen, und zwar

---

[9] Dies ist die deutsche Methode, in Europa bzw. in der gesamtem Welt gibt es diesbezüglich unterschiedliche Ansätze.

Monat	=	30 Tage
Quartal	=	90 Tage
Halbjahr	=	180 Tage
Jahr	=	360 Tage

Was die Messung der Zinsen betrifft, so ist zwischen Zinsbetrag und Zinssatz zu unterscheiden. Der Zinsbetrag ist nichts anderes, als die Differenz zwischen End- und Anfangskapital. Er muss daher in Währungseinheiten gemessen werden.

Beispiel:
Ein Sparbuch wird mit 3% p.a. verzinst. Das bedeutet, dass Sie bei einem Anfangskapital von 100 € nach Ablauf eines Jahres 103 € besitzen. Die Differenz zwischen Anfangs- und Endkapital stellt den Zinsbetrag dar, hier 3 €. Hieran erkennt man, dass der Zinssatz in zweierlei Hinsicht normiert sein muss, erstens in Hinsicht auf die Laufzeit (in unserem Beispiel: ein Jahr) und zweitens auf einen bestimmten Währungsbetrag (in unserem Beispiel: das Anfangskapital).

In der Regel sind Zinssätze auf eine Frist von einem Jahr bezogen. Man spricht in diesem Fall von jährlichen Zinssätzen. Oder man sagt, dass der Zinssatz p% pro anno oder per annum (abgekürzt: p.a.) beträgt. Mitunter wird der Zinssatz auch auf kürzere Laufzeiten gerechnet, z.B. auf ein Quartal. In diesem Fall ist von unterjährigen Zinsen die Rede.

Als Bezugsgröße des Zinssatzes verwendet man das dem Geschäft zugrundeliegende Kapital. Dabei sind zwei Möglichkeiten denkbar. Entweder benutzt man das zu Beginn der Zinsperiode vorhandene Kapital, oder man nimmt das Kapital am Ende der Zinsperiode. Im ersten Fall spricht man von nachschüssigen oder auch dekursiven Zinsen, im zweiten von vorschüssigen oder rekursiven Zinsen. In der Praxis rechnet man fast ausnahmslos mit nachschüssigen Zinsen.

Abbildung 1: Vier Fragestellungen der Zinsrechnung[10]

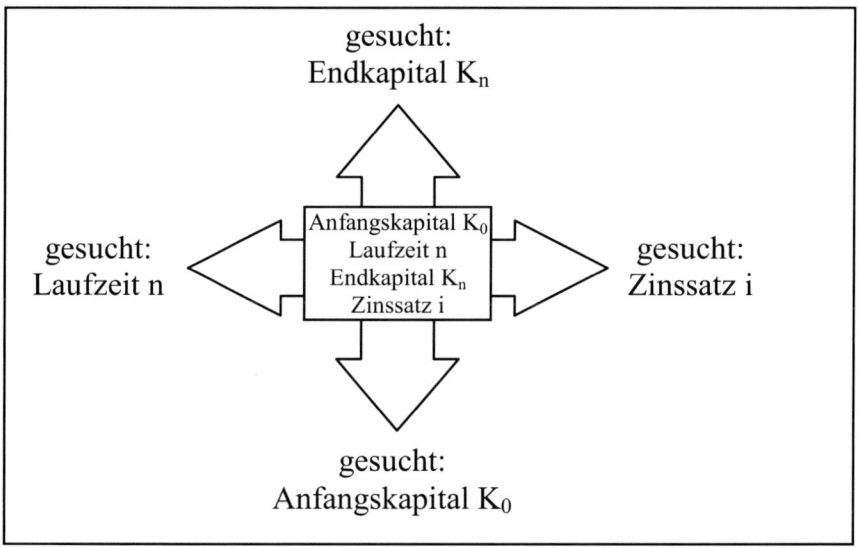

Beispiel:
Auf einem Konto werden zu einem Zinssatz von 5% 2.000 € angelegt.
Wie hoch ist der Kontostand nach drei Jahren?

Lösung: $2.300 = 2.000 \cdot (1 + 0,05 \cdot 3)$

Einfache lineare Zinsformel[11]: $K_n = K_0 \cdot (1 + i \cdot n)$

---

[10] Quelle: eigene Darstellung
[11] Bitte Punktrechnung vor Strichrechnung beachten !

Fragestellung I

Wenn jemand zu Beginn einer Geschäftsbeziehung einem Kapitalnehmer den Betrag K_0 zur Verfügung stellt und mit dem Vertragspartner den Zinssatz i vereinbart, so interessiert ihn, wie hoch das Endkapital K_n nach einer Laufzeit von n Jahren ist. Dies ist die erste mögliche Fragestellung der Zinsrechnung.

Gegeben:	Anfangskapital	K_0
	Zinssatz	i
	Laufzeit	n
Gesucht:	Endkapital	K_n

Wenn i der jährliche Zinssatz ist und K_0 das Anfangskapital darstellt, so hat der Kapitalgeber nach Ablauf eines Jahres Anspruch auf Zinsen in Höhe von iK_0. Wäre die Laufzeit des Vertrages genau in diesem Zeitpunkt beendet, so beliefe sich das Endkapital auf die Summe aus Anfangskapital und Zinsen:

$$K_1 = K_0 + i \cdot K_0$$

Ist die Laufzeit aber noch nicht beendet, sondern wird Sie um ein weiteres Jahr verlängert, so erwirbt der Kapitalgeber zusätzliche Zinsansprüche. Diese sind ebenso groß, wie die Zinsansprüche im ersten Jahr der Laufzeit, denn das zinstragende Kapital ist nach wie vor K_0, weil die Zinsen bei einfacher Verzinsung nicht zugeschlagen werden. Insgesamt besitzt der Kapitalgeber nach zwei Jahren daher:

$$K_2 = K_0 + i \cdot K_0 + i \cdot K_0$$
$$= K_0 + 2 \cdot i \cdot K_0$$

Die Entwicklung des Kapitals in den folgenden Jahren vollzieht sich nach gleichbleibendem Muster, so dass

$K_1 \quad = K_0 + i \cdot K_0$

$K_2 \quad = K_0 + 2 \cdot i \cdot K_0$

$K_3 \quad = K_0 + 3 \cdot i \cdot K_0$

$\qquad \bullet$

$\qquad \bullet$

$\qquad \bullet$

$K_n \quad = K_0 + n \cdot i \cdot K_0$

Oder nach einfacher Umformung: $K_n = K_0 \cdot (1 + n \cdot i)$

Stellt man die Entwicklung des Endkapitals in Abhängigkeit von der Laufzeit bei einfacher Verzinsung grafisch dar, so erhält man folgender Abbildung den dargestellten Verlauf. Das Endkapital ist eine Funktion der Laufzeit.

Abbildung 2: Entwicklung des Endkapital[12]

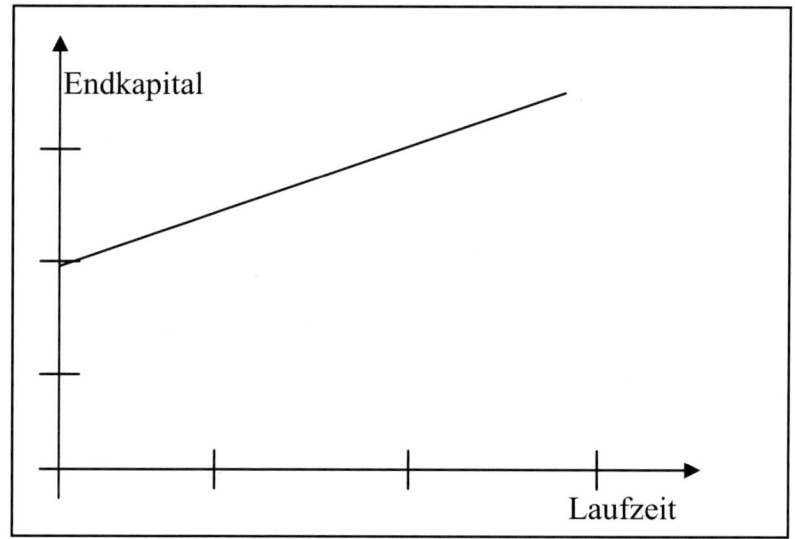

---

[12] Quelle: eigene Darstellung in Anlehnung an Kruschwitz, 2010, S.7

Beispiel:

Wanda Lismus legt 400 € zu einem Zinssatz von 4% p.a. mit einfachen Zinsen an. Wie hoch ist ihr Endkapital

a   nach 3 Jahren

b   nach 3 Jahren und 3 Monaten?

Lösung:

a $K_3 = 400 \cdot (1 + 3 \cdot 0{,}04) = 448$ €

b $K_{3,25} = 400 \cdot (1 + 3{,}25 \cdot 0{,}04) = 452$ €

Beispiel:

K. Melle legt 1.000 € zu einem Zinssatz von 5% p.a. an. Wie hoch ist sein Endkapital

a   nach 4 Jahren,

b   nach 4 Monaten?

Lösung:

a $K_4 = 1.000 \cdot (1 + 4 \cdot 0{,}05) = 1.200$ €

b $K_{4/12} = 1.000 \cdot (1 + 4/12 \cdot 0{,}05) = 1.016{,}67$ €

Fragestellung II

Will ein Kapitalgeber nach n Jahren bei einem Zinssatz von i ein bestimmtes Endkapital K_n erhalten, so wird ihm dies nur gelingen, falls er dem Kapitalnehmer heute ein ausreichend hohes Anfangskapital überlässt. Die Suche nach dessen Höhe ergibt die zweite mögliche Fragestellung der Zinsrechnung.

Gegeben:	Endkapital	K_n
	Zinssatz	i
	Laufzeit	n
Gesucht:	Anfangskapital	K_0

Beispiel:

Klaus Thaler möchte in 8 Jahren und 6 Monaten über ein Kapital von 10.000 € verfügen. Ein Bekannter bietet ihm 5,3% p.a. Zins mit einfachen Zinsen.

Wie viel muss Klaus seinem Bekannten heute an Kapital überlassen?

Lösung:

$10.000 = K_0 \cdot (1 + 8,5 \cdot 0,053)$, also $K_0 = 6.894,14$ €

Fragestellung III

Besitzt der Kapitalgeber heute ein Vermögen in Höhe von K_0 und will er nach n Jahren Kn besitzen, so muss er sein Kapital zu einem bestimmten Zinssatz anlegen. Dies ergibt die dritte mögliche Fragestellung der Zinsrechnung.

Gegeben:	Anfangskapital	K_0
	Endkapital	K_n
	Laufzeit	n
Gesucht:	Zinssatz	i

Beispiel:

Charlotte besitzt 777 € und möchte in 5 Jahren 1.000 € haben. Welchen Zinssatz p.a. muss Sie bei einfacher Verzinsung verlangen?

Lösung:

$$1.000 = 777 \cdot (1 + 5 \cdot i)$$

$$i = \frac{\left(\dfrac{1000}{777} - 1\right)}{5} = 0{,}0574 \qquad\qquad \text{also } p = 5{,}74\%$$

Fragestellung IV

Schließlich kann es sein, dass jemand heute Anfangskapital K_0 besitzt, ihm ein Zinssatz i geboten wird und er das Bedürfnis hat, ein Endkapital in Höhe von K_n zu besitzen. Dann interessiert ihn, wie lange er warten muss, um dieses Ziel zu erreichen. Das ist die vierte und letzte Fragestellung der Zinsrechnung.

Gegeben:	Anfangskapital	K_0
	Endkapital	K_n
	Zinssatz	i
Gesucht:	Laufzeit	n

Beispiel:

Justus möchte wissen, wie lange er ein Kapital von 4.000 € zu einfachen Zinsen bei einem Zinssatz von 4% p.a. ausleihen muss, damit es auf 5.000 € anwächst.

Lösung:

$5.000 = 4.000 \cdot (1 + n \cdot 0{,}04)$

$$n = i = \frac{\left(\dfrac{5000}{4000} - 1\right)}{0{,}04} = 6{,}25, \text{also } 6 \text{ Jahre und } 3 \text{ Monate}$$

(handschriftlich) $0{,}25 \cdot 12 = 3$

Übungsbeispiele:

1. Anfangskapital 1.000 €, Zinssatz 4% p.a. und Endkapital 1.260 €. Welche Laufzeit liegt dieser Konstellation zugrunde?

2. Ein Privatmann hat am 1.1.2000 einem Freund einen Betrag von 870 € geliehen. Dieser verpflichtet sich, das Kapital mit p = 11% einfach zu verzinsen und am 31.12.2009 zurück zu zahlen.
   Welcher Betrag muss am 31.12.2009 gezahlt werden?

3. Ein Kaufmann verspricht für die Einräumung eines Wegerechtes nach Ablauf von 5 Jahren einen Betrag von 10.000 € zu zahlen. Welchen Barwert hat diese zukünftige Zahlung heute bei p = 8%?

Lösungen:

1. $1.260 = 1.000 \cdot (1 + n \cdot 0{,}04)$

$$n = \frac{\left(\dfrac{1.260}{1.000} - 1\right)}{0{,}04} = 6{,}5 \text{ Jahre, also } 6 \text{ Jahre und } 6 \text{ Monate}$$

2. $K_{10} = 870 \cdot (1 + 10 \cdot 0{,}11) = 1.827 \, €$

3. $10.000 = K_0 \cdot (1 + 5 \cdot 0{,}08)$

$$K_0 = \frac{10.000}{(1 + 5 \cdot 0,08)} = 7142,86 \,€$$

Exkurs:

Berechnung von Zeitdifferenzen

- – Kleinste Zeitspanne in der Praxis: 1 Tag
- – Verzinsung: ab dem Einzahlungstag bis zum Tag der Auszahlung
- – Einfache Berechnung der Zinstage:

    Monat = 30 Tage   Jahr = 360 Tage

Beispiel:

Übersicht von Zinstagen für folgende Zeiträume:

Aufgabe	1	2
Einzahlung	13.02.03	27.01.04
Auszahlung	17.07.03	23.09.04
Zinstage	154 Tage	236 Tage

2.1. Aufgaben zur einfachen Verzinsung

Im Allgemeinen gilt für die Aufgaben: ein Jahr hat 360 Tage und der Prozentsatz bezieht sich auf ein Jahr (p.a.), sofern nicht anders angegeben.

Aufgabe 1.

Wie hoch ist das Endkapital, wenn man 800 € zu einem Zinssatz von 6% mit einfachen Zinsen 7 Jahre lang anlegt?

Aufgabe 2.

Axel Schweiß legt 900 € 4 Jahre und 6 Monate zu 7% an.

Wie hoch ist sein Endkapital bei einfacher Verzinsung?

Aufgabe 3.

Franzis Kaner möchte in 5 Jahren ein Endkapital in Höhe von 10.000 € besitzen.

Wie viel Geld muss er heute bei einem Zinssatz von 6,125% anlegen, wenn einfache Zinsen geboten werden?

Aufgabe 4.

Ede Vau möchte sein Kapital von 1.000 € innerhalb von 9 Jahren und 3 Monaten auf das Doppelte wachsen lassen.

Welchen Zinssatz muss er bei einfachen Zinsen verlangen?

Aufgabe 5.

Max I. Mumm besitzt heute 10.000 €. Wenn ihm ein Zinssatz von 6,5% geboten wird, wie lange dauert es dann bei einfachen Zinsen, bis zu dem Tag, an dem sein Kapital auf 15.000 € angewachsen ist?

Aufgabe 6.

Al Mosen hat 16.000 € und möchte in 8 Monaten über 16.500 € verfügen.

a) Berechnen Sie die Zinsen, die er mindestens vereinbaren muss, als Prozentsatz pro Jahr (auf eine Dezimalstelle genau ab- bzw. aufrunden).

   Der Ausgangspunkt für die Berechnung sind einfache Zinsen.

Al kann sein Geld zu 5,2% jährlich anlegen, wobei innerhalb dieses Zeitraums auf der Grundlage von einfachen Zinsen gerechnet wird.

b) Berechnen Sie nach wieviel Tagen der gewünschte Betrag in Höhe von 16.500 € verfügbar ist.

Das Thema einfache Verzinsung ist nun abgeschlossen.

Im Einzelnen wurden angesprochen:

   – Einführung in die Finanzmathematik

   – Grundbegriffe der einfachen Zinsrechnung

   – Berechnung der Zinstage

Nächstes Thema: Zinseszinsrechnung

3. Das Modell der Zinseszinsrechnung

3.1 Grundbegriffe der Zinsrechnung

3.2 Unterjährige Verzinsung

3.3 Aufgaben

3.1. Grundbegriffe der Zinseszinsrechnung

Zinseszinsen unterscheiden sich grundlegend von den einfachen Zinsen und sind durch nachfolgende Eigenschaften gekennzeichnet:

- Die Zinsen werden dem Kapital am Ende der Verzinsungsperiode zugeschlagen.

- In der nächsten Zinsperiode werden die Zinsen mitverzinst.

Beispiel:

Auf einem Konto werden zu einem Zinssatz von 10 % p.a. 100 € angelegt.

Wie hoch ist der Kontostand nach drei Jahren?

$K_3 = 100 \cdot (1 + 0{,}10) \cdot (1 + 0{,}10) \cdot (1 + 0{,}10)$

$K_3 = 100 \cdot (1 + 0{,}10)^3 = 133{,}10 \text{ €}$

Zinseszinsformel[13]: $K_n = K_0 \cdot (1 + i)^n$

---

[13] In Anlehung an Kruschwitz, 2010, S.9

Ausgangspunkte der Zinseszinsrechnung sind:

Anfangskapital:	K_0
Laufzeit:	n
Endkapital:	K_n
Zins(Zinssatz):	i ($p\%$)

Nachfolgend wird detailliert auf die vier Fragestellungen der Zinseszinsrechnung eingegangen.

I. Wie groß ist ein Kapital K, das bei p% Zinseszinsen n Jahre lang angelegt wird?

Für das Modell der Zinseszinsrechnung ist der Grundsatz charakteristisch, dass Zinsansprüche, die während der Laufzeit des finanziellen Engagements entstehen, jeweils am Ende des Jahres dem zinstragenden Kapital zugeschlagen werden. In der zweiten Zinsperiode werden daher die Zinsen der ersten Zinsperiode mitverzinst. In der dritten Zinsperiode werden die Zinsen der ersten und der zweiten Periode mitverzinst u.s.w.

Während des ersten Jahres der Laufzeit erwirbt Kapitalgeber Zinsansprüche in Höhe von iK_0. Daher beläuft sich sein Kapital am Ende des ersten Jahres (ebenso wie bei einfachen Zinsen) auf:

$$K_1 = K_0 + 1 \cdot K_0$$
$$K_1 = K_0 \cdot (1 + i)$$

Im zweiten Jahre entstehen Zinsansprüche in Höhe von, sodass man nach dem Ende des nächsten Jahres über ein Kapital von

$$K_2 = K_1 + i \cdot K_1$$
$$K_2 = K_1 \cdot (1+i)$$
$$K_2 = K_0 \cdot (1+i) \cdot (1+i)$$
$$K_2 = K_0 \cdot (1+i)^2$$

verfügt. Das setzt sich in entsprechender Weise fort, sodass man es im Zeitablauf mit folgender Kapitalentwicklung zu tun hat:

$$K_1 = K_0 \cdot (1+i)$$
$$K_2 = K_0 \cdot (1+i)^2$$
$$K_3 = K_0 \cdot (1+i)^3$$
...
$$K_n = K_0 \cdot (1+i)^n$$

Die Berechnung des Endkapitals erfolgt bei Zinseszinsrechnung mit der Gleichung:

$$K_n = K_0 \cdot (1+i)^n$$

Der Faktor $(1+i)^n$ wird oft als Aufzinsungsfaktor bezeichnet.

Der Exponent beim Aufzinsungsfaktor führt zu einem exponentiellen Wachstum des Endkapitals.

Abbildung 3: Endkapital in Abhängigkeit von der Laufzeit bei Zinseszins[14]

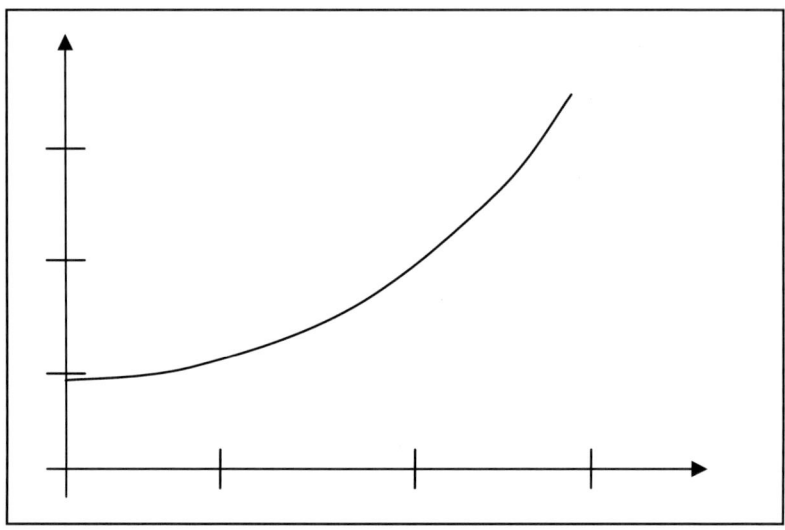

Beispiel:

Ken Tucky legt ein Kapital von 8.000 € mit 5,75% p.a. Zinseszins an.

Wie groß ist sein Kapital

a.   nach drei Jahren,

b.   nach drei Jahren und drei Monaten?

Lösung:

a. K_3 $= 8.000 \cdot 1,0575^3 = 9.460,87$ €

b. $K_{3,25} = 8.000 \cdot 1,0575^{3,25} = 9.594,03$ €

---

[14] Quelle: eigene Darstellung in Anlehung an Kruschwitz, 2010, S.11

Beispiel:

Sunny Täter legt ein Kapital von 15.000 € für fünf Jahre zu 5% p.a. an.

Wie hoch ist sein Endkapital

a.   bei einfacher Verzinsung,

b.   bei Zinseszins?

Lösung:

a. K_5 $= 15.000 \cdot (1 + 5 \cdot 0{,}05) = 18.750$ €

b. K_5 $= 15.000 \cdot 1{,}05^5 = 19.144{,}22$ €

Abbildung 4: Einfache Zinsrechnung im Vergleich zur Zinseszinsrechnung, Schnittpunkt nach 1 Jahr[15]

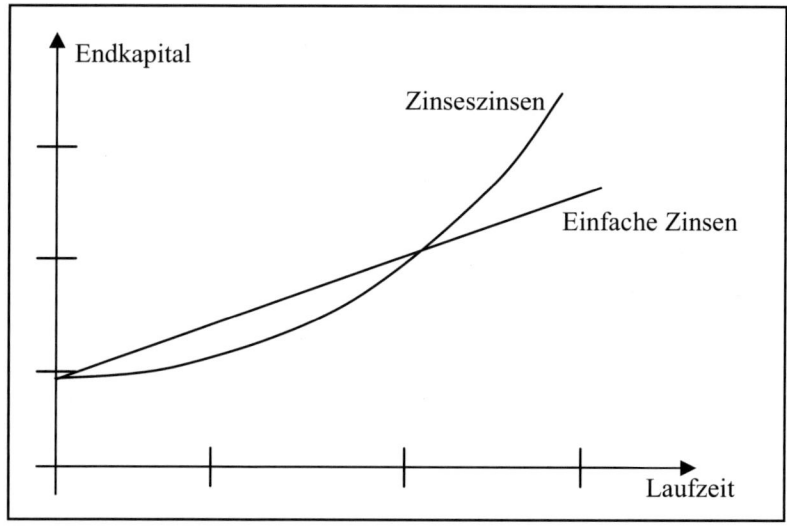

_____

[15] Quelle: eigene Darstellung

II. Wie groß war ein Anfangskapital K_0, das bei p% Zinseszinsen n Jahre angelegt war und in dieser Zeit auf ein bestimmtes bekanntes Endkapital K_n angewachsen ist?

Beispiel:

Wie viel muss Roman Ticker heute anlegen, wenn er bei 6% p.a. Zinseszins in acht Jahren über 1.000 € verfügen will?

Lösung:

$$1.000 = K_0 \cdot 1,06^8$$

$$K_0 = \frac{1.000}{1,06^8} = 627,41 \ €$$

III. Ein bekanntes Anfangskapital ist in n Jahren auf ein gegebenes Endkapital von K_n angewachsen. Wie groß war der Zinssatz p während des gesamten Zeitraumes? Um diese Frage beantworten zu können muss die bisher genutzte Gleichung nach "i" aufgelöst werden, woraus sich "p" errechnen lässt.

Beispiel:

Ein Kapital von 5.000 € ist nach ganz genau 7-jähriger Anlage auf 10.000 € angewachsen. Wie groß war die erzielte durchschnittliche Verzinsung?

Lösung:

$$10.000 = 5.000 \cdot (1 + i)^7$$

$$(1 + i)^7 = \frac{10.000}{5.000} = 2$$

$$1 + i = \sqrt[7]{2}$$

$$i = \sqrt[7]{2} - 1 = 0,10409$$

$$p = 10,409\%$$

Zur Kontrolle kann man rechnen:

Wenn man 5.000 € zu 10,409% Zinseszinsen 7 Jahre lang anlegt, muss sich ein Endkapital von 10.000 € ergeben.

IV. Ein bekanntes Anfangskapital K_0 ist bei p% Zinseszinsen auf ein gegebenes Endkapital K_n angewachsen. Wie viele Jahre war das Kapital angelegt?

Beispiel:

Ein Erbe erhält einen Pfandbrief über 1.000 €, der bei 8,5% durchschnittlicher Verzinsung insgesamt 1.661,69 € an Zinsen und Zinseszinsen erbracht hat, wobei die ausgeschütteten Zinsen jeweils wieder zu 8,5% angelegt werden konnten.

Wie viele Jahre ist der Pfandbrief angelegt gewesen?

Lösung:

$$2.661,69 = 1.000 \cdot 1,085^n$$

$$1,085^n = \frac{2.661,69}{1.000} \qquad | \text{ mit dem Logarithmus erweitern}$$

$$\log(1,085^n) = \log 2,66169$$

$$n \cdot \log 1,085 = 2,66169$$

$$n = \frac{\log 2,66169}{\log 1,085} = 12$$

Also nach 12 Jahren.

3.2. Unterjährige Verzinsung

Beispiel 1:

Jakel Ine hat 4.000 € und bekommt einen Zinssatz von 1,875% je Quartal geboten.

Wie groß ist ihr Kapital nach 4 Jahren und 10 Monaten bei

a.   einfacher Verzinsung,

b.   Zinseszins?

Lösung:

Zunächst ist die Laufzeit (in Jahren) zu berechnen, danach die Laufzeit in Quartalen.

4 Jahre = 16 Quartale

$$10 \text{ Monate} = 3\frac{1}{3} \text{ Quartale}$$

Somit in Summe $19\frac{1}{3}$ Quartale.

Danach wendet man die Gleichungen an:

a. $K_{4\frac{10}{12}\text{Jahre}} = 4.000 \cdot (1 + 19\frac{1}{3} \cdot 0,01875) = 5.450 \ \text{€}$

b. $K_{4\frac{10}{12}\text{Jahre}} = 4.000 \cdot 0,01875^{19\frac{1}{3}} = 5.728,41 \ \text{€}$

Beispiel 2:

Nico Thien besitzt heute ein Kapital in Höhe von 1.000 €, und er will in 10 Monaten 1.050 € haben.

Welchen Zinssatz pro Halbjahr muss er bekommen, um dieses Ziel zu erreichen, wenn

a.   einfache Zinsen,

b.   Zinseszinsen,

gerechnet werden?

Lösung:

Die Laufzeit (in Jahren) beträgt $n = \dfrac{10}{12} = 0,833$; gemessen in Halbjahren beläuft sie sich auf $n = 2 \cdot 0,833 = 1,667$.

Man erhält die folgenden Ergebnisse:

a.

$$1.050 = 1.000 \cdot (1 + 1\frac{2}{3} \cdot i)$$

$$1 + 1\frac{2}{3} \cdot i = \frac{1.050}{1.000} = 1,05$$

$$\frac{5}{3}i = 1,05 - 1 = 0,05$$

$$i = 0,05 \cdot \frac{3}{5} = 0,03$$

$$p = 3\% \text{ pro Halbjahr}$$

b.

$$1.050 = 1.000 \cdot (1 + i)^{1\frac{2}{3}}$$

$$(1 + i)^{1\frac{2}{3}} = \frac{1.050}{1.000} = 1,05$$

$$(1 + i)^5 = 1,05^3$$

$$i = \sqrt[5]{1,05^3} - 1 = 0,02971$$

$$p = 2,971\% \text{ pro Halbjahr}$$

An die Stelle des Jahreszinssatzes i tritt der unterjährige Zinssatz; und an die Stelle der in Jahren gemessenen Laufzeit n tritt die Zinsperioden (Halbjahren, Quartalen, Wochen, Tagen) gemessene Laufzeit.

Nun kann man zu genau den gleichen Ergebnissen auch kommen, indem man die Laufzeit unverändert in Jahren misst und die Zinssätze anpasst.

Beispiel 3:

Marga Rine hat die Möglichkeit, Kapital zu 0,35% pro Monat anzulegen. Sie benötigt in anderthalb Jahren 1.000 € und möchte wissen, wie viel sie heute anlegen muss, wenn

a.   einfache Zinsen,

b.   Zinseszinsen gerechnet werden.

Lösung:

Bei analoger Anwendung der Gleichungen für den Fall jährlicher Verzinsung ist zunächst die Laufzeit in Monaten auszurechnen. Man erhält

n = 18 Monate.

a.   Sodann ist bei einfacher Zinsrechnung zu rechnen:

$$1.000 = K_0 \cdot \left(1 + 18 \cdot 0,0035\right)$$

$$K_0 = \frac{1.000}{1 + 18 \cdot 0,0035} = 940,73 \ €$$

b.   Bei Zinseszinsrechnung erhält man

$$1.000 = K_0 \cdot 1,0035^{18}$$

$$K_0 = \frac{1.000}{1,0035^{18}} = 939,05 \ €$$

Will man die Lösung dagegen mit Hilfe von Jahreszinssätzen ermitteln, so ist zunächst der monatliche Zinssatz umzurechnen.

Das ergibt

$$i = 12 \cdot 0{,}0035 = 0{,}042 \text{ (pro Jahr)}$$

bei einfachen Zinsen

$$i^* = 1{,}0035^{12} - 1 = 0{,}04282 \text{ (pro Jahr)}$$

bei Zinseszinsen.

a   Im Falle einfacher Zinsrechnung führt das zu

$$1.000 = K_0 \cdot (1 + 1{,}5 \cdot 0{,}042)$$

$$K_0 = \frac{1.000}{(1 + 1{,}5 \cdot 0{,}042)} = 940{,}73 \, €$$

b   Bei Zinseszinsrechnung ergibt sich

$$1.000 = K_0 \cdot 1{,}0428^{1{,}5}$$

$$K_0 = \frac{1.000}{1{,}04282^{1{,}5}} = 939{,}05 \, €$$

3.3. Nominalzins und Effektivzins[16]

Wenn man zum Beispiel einen Zinssatz per anno auf Monate oder Quartale umrechen möchten, macht man es sich häufig zu einfach. Es wird z.B. angenommen, dass 6% p.a. einem Monatszins von 0,5% entsprechen. Doch diese Annahme ist falsch.

Beim Gegenüberstellen von den Zinskonditionen wird Ihnen sicherlich schon aufgefallen sein, dass ein Nominalzins und ein Effektivzins genannt werden.

---

[16] Siehe hierzu ergänzend die Begriffe relativer, nomineller und konformer Zinssatz. Kruschwitz, 2010, S.31.

Wenn Sie sich beispielsweise 100.000 Euro leihen und einen jährlichen Nominalzins von 6 Prozent vereinbaren, dann bedeutet dies, dass Sie jeweils am 31. Dezember 6.000 Euro Zinsen bezahlen müssten.

Tatsächlich zahlen Sie diese 6.000 Euro aber in bspw. 12 monatlichen Raten zu jeweils 500 Euro. Sie bezahlen die erste Rate also streng genommen um 11 Monate zu früh, die zweite um 10 Monate zu früh, usw. Weil Sie früher bezahlen als Sie eigentlich müssten, entsteht Ihnen "effektiv" ein kleiner Zinsverlust, und genau der findet im höheren Effektivzins seine Entsprechung.

$$\text{Effektivzins} = (1 + \frac{i_{nominal}}{12})^{12} - 1 = (\frac{1 + 0,06}{12})^{12} - 1 \approx 6,17\%$$

oder

$$1,005^{12} - 1 = 0,061678 \approx 6,17\%$$

Demzufolge ist bei diesem Beispiel der Nominalzins 6% und der Effektivzins 6,17%.

Wenn der dem Nominaljahreszins exakt entsprechende Monats- oder Quartalszins etc. berechnet werden soll, bietet sich folgende Rechnung an.

Gegeben ist der Jahreszinssatz mit 4% (Zinseszins).

Gesucht ist der diesem exakt entsprechenden vierteljährlichen Zinssatz.

Dieser berechnet sich wie folgt:

$$\sqrt[4]{1,04} - 1 = 0,00985 = 0,985\% \text{ je Quartal}$$

Entsprechen je Monat:

$$\sqrt[12]{1,04} - 1 = 0,00327 = 0,327\% \text{ je Monat}$$

Berechnen Sie auf Zinseszinsbasis die Zinssätze (drei Dezimalstellen), die einem Zinssatz von 0,6% monatlich entsprechen:

a. vierteljährlicher Zinssatz;

$$1,006^3 - 1 = 0,0181 = 1,81\% \text{ und nicht } 1,8\%$$

b. halbjährlicher Zinssatz;

$$1,006^6 - 1 = 0,03654 = 3,654\% \text{ und nicht } 3,6\%$$

c. jährlicher Zinssatz.

$$1,006^{12} - 1 = 0,07442 = 7,442\% \text{ und nicht } 7,2\%$$

Das Thema Zinseszinsrechnung ist nun abgeschlossen.

Im Einzelnen wurden angesprochen:

- – Zinseszinsformel
- – Vier Fragestellungen der Zinseszinsrechnung
- – Anfangskapital
- – Endkapital
- – Laufzeit
- – Zinssatz
- – Unterjährige Verzinsung

3.4. Aufgaben

Bemerkung: Zinseszinsen, wenn nicht anders angegeben!

Aufgabe 1.

Dennis legt bei der Geburt seiner Tochter Charlotte einen Betrag von 1.000 € bei einer Bank zu 6,5% Zinseszinsen an. Die Tochter soll nach Ablauf von 18 Lebensjahren über das Kapital einschließlich der Zinsen verfügen können.

Wie hoch wird dieser Betrag sein?

Aufgabe 2.

Berechnen Sie auf Zinseszinsbasis die Zinssätze (drei Dezimalstellen), die einem Zinssatz von 0,5% monatlich entsprechen:

a. vierteljährlicher Zinssatz;

b. halbjährlicher Zinssatz;

c. jährlicher Zinssatz.

Aufgabe 3.

Ed Ding erhält aus einer Erbschaft ein Kapital von 10.420 €, das bei 5% Zinseszinsen 12 Jahre lang angelegt war.

Wie groß war vor 12 Jahren das Anfangskapital K_0?

Aufgabe 4.

Aus einem Investment soll nach Ablauf von vier Jahren eine Gewinnausschüttung von 5.000 € getätigt werden.

Wie groß ist der Barwert dieser zukünftigen Ausschüttung heute, wenn mit 8% Zinseszinsen gerechnet wird?

Aufgabe 5.

Effi Ziens kann 8.000 € für 20 Jahre anlegen und hat die Wahl zwischen 6,5% Zinseszins oder 10% einfachem Zins. Was ist besser?

Aufgabe 6.

Grett Britten hat die Möglichkeit, 1.000 € für ein halbes Jahr anzulegen, wobei Ihr entweder 5% reiner Zinseszins oder 5% einfache Verzinsung geboten werden.

Wofür entscheiden Sie sich?

Aufgabe 7.

Claire Grube möchte am 1.Januar 2000 über 30.000 € verfügen. Sie möchte dies durch eine einmalige Einzahlung auf ein Konto erreichen, das eine Verzinsung von 5,7% Zinseszins jährlich einbringt.

Wie hoch ist ihre Einzahlung, wenn diese an folgenden Tagen vorgenommen wird:

a.   1.Januar 1989;

b.   1.Januar 1992;

c.   31.Dezember 1988;

d.   31.Dezember 1990?

Aufgabe 8.

Kain Bockaufenjob vereinbart mit seinem Gläubiger, dass er die Schuld in Höhe von 18.000 €, die er am 1.Januar 1990 zahlen muss, in zwei gleichen Raten abzahlt. Die erste Rate wird er am 1.Januar 1990 abzahlen und die zweite Rate am 1.Januar 1992. Der Zinssatz beträgt 7% Zinseszins jährlich.

Berechnen Sie die Höhe der beiden Raten.

Aufgabe 9.

Will Nich hat sich für 30 Jahre 25.000 € unter Berechnung von Zinseszinsen geliehen. Er war der Meinung, dass die Zinsbedingung 7,1% Zinseszins jährlich beträgt. Bei der Abrechnung jedoch stellte sich heraus, dass ihm 3,55% Zinseszins halbjährlich in Rechnung gestellt wurden.

Berechnen Sie, wieviel Zinsen er mehr als erwartet zahlen muss.

4. Investitionsrechnung

4.1 Grundbegriffe der Investitionsrechnung

4.2 Statische Investitionsrechnung

    4.2.1 Einführung

    4.2.2 Amortisationsvergleichsrechnung

4.3 Dynamische Investitionsrechnung

    4.3.1 Kapitalwertmethode

    4.3.2 Endwertmethode

    4.3.3 Dynamische Amortisationsrechnung

    4.3.4 Zusammenfassende Beurteilung

4.4 Aufgaben

4.1. Grundbegriffe der Investitionsrechnung

Aus Unternehmenssicht stellt z.B. der Kauf eines Kopierers eine Investition dar, wohingegen der Erwerb eines Kopierers von privaten Haushalten im Allgemeinen als Konsum bezeichnet wird. Diese Unterscheidung resultiert aus der Tatsache, dass private Haushalte Endverbraucher sind, während Unternehmen Investitionen tätigen, um damit wiederum Güter und Dienstleistungen zu produzieren, die sie anderen Unternehmen oder privaten Haushalten zum Kauf anbieten. Andererseits sind materielle Vermögensgegenstände, die im Jahr der Anschaffung in der Gewinn- und Verlustrechnung vollständig als Aufwand erscheinen, in der Regel keine Investitionen (z.B. ein Locher für das Büro).[17]

---

[17] Vgl. Wöhe, 1998, S. 742ff.

Jede Entscheidung stellt ein Entscheidungsproblem dar, denn aus einer Vielzahl zur Verfügung stehender Investitionsalternativen soll das jeweils optimale Investitionsobjekt ausgewählt werden. Dazu muss allerdings die Zielsetzung bekannt sein, unter der die Investitionsentscheidungen zu treffen sind, denn eine Entscheidung ist nur dann optimal, wenn sie im Sinne dieser Zielsetzung diese am besten erfüllt.

Die optimale Auswahl von Investitionsobjekten lässt sich durch einen Investitionsentscheidungsprozeß abbilden, der als Bestandteil der Investitionsplanung ein wichtiger Teil der Planungsaktivitäten im Unternehmen ist, weil

- Investitionsentscheidungen eine langfristige kapitalbindende Wirkung aufweisen.

- Investitionsentscheidungen nicht oder nur schwer revidierbar sind und

- für Investitionen zur Verfügung stehende Finanzierungsmittel im Allgemeinen knapp sind.

Der Investitionsentscheidungsprozess ist komplex und kann in fünf Phasen eingeteilt werden:[18]

1.   Anregungsphase
2.   Suchphase
3.   Entscheidungsphase
4.   Realisierungsphase
5.   Controllingphase

---

[18] In Anlehnung an Jung, 2008, S.20

Zu 1)

In der Anregungsphase erkennt der Entscheider durch eine Idee eine Investitionsmöglichkeit oder durch Verschleiß eine Investitionsnotwendigkeit. Das damit einhergehende Entscheidungsproblem bedarf einer Lösung. In einer Ursachenanalyse wird die Investitionssituation geklärt, wobei man sie beschreibt, sowie eine umfassende Analyse der Ausgangslage und der notwendigen Investitionslösung vornimmt.

Die Anregung einer Investition kann auf unterschiedliche Quellen zurückgeführt werden. Man unterscheidet

– unternehmensinterne Anregungen (z. B. durch Verbesserungsvorschläge der Mitarbeiter) und

– unternehmensexterne Anregungen (z. B. durch beauftragte Marktforschungsinstitute).[19][20]

Zu 2)

Die Suchphase ist dadurch gekennzeichnet, dass die für die Lösung der notwendigen Investitionsentscheidung relevanten Bewertungskriterien und Begrenzungsfaktoren zusammengestellt und präzisiert werden. Daran schließt sich die Ermittlung der möglichen Investitionsalternativen und die Beschreibung ihrer Konsequenzen an. Eine Entscheidung wird aber noch nicht gefällt.

Zunächst muss eine Festlegung der unterschiedlichen Kriterien erfolgen, nach denen die Investitionsalternativen bewertet werden sollen. Dazu lassen sich je nach Art der Investition quantitative Bewertungskriterien (z. B. Kosten, Gewinn, Rentabilität, Amortisationszeit, Kapitalwert, Interner Zinsfuß

---

[19] In Anlehnung an Jung, 2008, S.20
[20] In Anlehnung an Dahlhaus, 2009, S.17ff.

etc.) und/oder auch qualitative Bewertungskriterien (z. B. wirtschaftliche, technische, rechtliche oder soziale Bewertungskriterien) heranziehen.

Nach der Festlegung der Bewertungskriterien ist auf der Grundlage der ausgewählten Bewertungskriterien die Bestimmung der Begrenzungsfaktoren vorzunehmen. Investitionsalternativen, die bestimmte Vorgabewerte der Bewertungskriterien nicht erreichen, werden nicht weiter verfolgt und scheiden bei der Vorauswahl aus.

Im letzten Schritt der Suchphase erfolgt die Ermittlung geeigneter Investitionsobjekte. Geeignet sind Investitionsobjekte dann, wenn sie die vorgegebenen Begrenzungsfaktoren der qualitativen Bewertungskriterien erfüllen. Dazu sind entweder vorhandene Investitionsalternativen zu sammeln oder neue Investitionsmöglichkeiten zu schaffen.[21] [22]

Zu 3)

Die in der Suchphase ermittelten Investitionsobjekte werden in der Entscheidungsphase anhand der quantitativen Bewertungskriterien bewertet und mit den qualitativen Bewertungskriterien in eine Rangordnung gebracht. Abschließend erfolgt die Bestimmung des optimalen Investitionsobjektes.[23] [24]

Zu 4)

In der Realisierungsphase wird die Durchführung der Investition angeordnet und vorgenommen. Diese Phase nimmt zwar in den Darstellungen des Investitionsentscheidungsprozesses

---

[21] In Anlehnung an Jung, 2008, S.20
[22] In Anlehnung an Dahlhaus, 2009, S.17ff.
[23] In Anlehnung an Jung, 2008, S.20
[24] In Anlehnung an Dahlhaus, 2009, S.17ff.

den geringsten Raum ein, kann aber in den Unternehmen der aufwendigste und langwierigste Abschnitt des Investitions-entscheidungsprozesses sein. [25] [26]

Zu 5)

Die Durchführungsergebnisse (Ist-Werte) des realisierten Investitionsobjektes werden in der Controllingphase mit den Entscheidungswerten der Planungsphase (Soll-Werte) vergli-chen. Die bei diesem Soll-Ist-Vergleich eventuell auf-tretenden Abweichungen werden analysiert und daraufhin Korrekturen vorgenommen.

In den folgenden Kapiteln erfolgt die Darstellung der Bewer-tung von Investitionen und der Ermittlung der optimalen In-vestitionsentscheidung ausschließlich auf der Grundlage quantitativer Bewertungskriterien. Als Hilfsmittel dienen da-zu in der Entscheidungsphase die Verfahren der statischen und dynamischen Investitionsrechnung.

Dabei ist zu beachten, dass im Folgenden Prognoseprobleme, die bei der Ermittlung der mit den Investitionen verbundenen zukünftigen Zahlungsströme auftreten können, aus Vereinfa-chungsgründen nicht behandelt werden. [27] [28]

---

[25] In Anlehnung an Jung, 2008, S.20
[26] In Anlehnung an Dahlhaus, 2009, S.17ff.
[27] In Anlehnung an Jung, 2008, S.20
[28] In Anlehnung an Dahlhaus, 2009, S.17ff.

4.2. Statische Investitionsrechnung

4.2.1. Einführung

Wird eine Investition durchgeführt, wirkt sich dies auf das Vermögen (z.B. Sachanlagen) und auf jetzige und zukünftige Ein-
und Auszahlungen aus. Darüber hinaus hat die Investition Einfluss auf die Produktion oder den Einsatz und damit die Menge
von Ressourcen. Somit wirken sich Investitionen auf die
leistungs- und finanzwirtschaftliche Ebene aus.

Abbildung 5: Einteilung des Investitionsbegriffes[29]

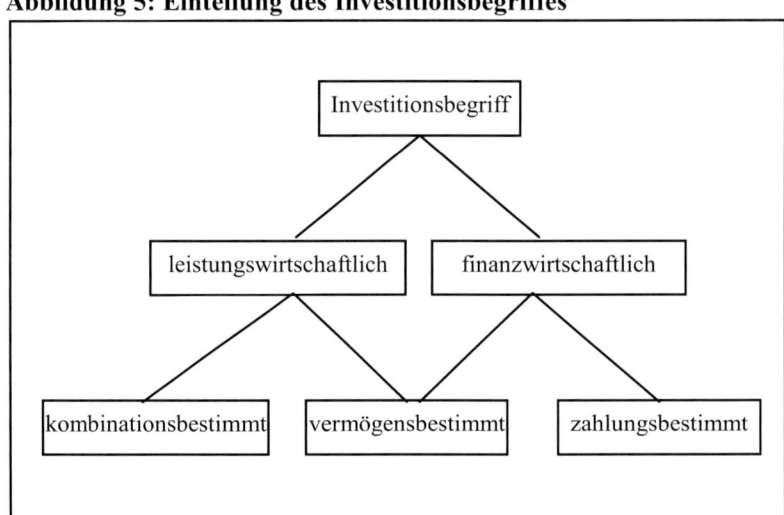

Im Folgenden wird beim Investitionsbegriff ausschließlich die
finanzwirtschaftliche, zahlungsbestimmende Perspektive betrachtet.
Die Investition ist eine Handlung (oder Bündel von Handlun-
gen), die einen (längerfristigen) Zahlungsstrom auslöst, der mit
einer Auszahlung beginnt und in späteren Zeitpunkten zu Ein-

---

[29] Quelle: eigene Darstellung in Anlehnung an Götze, 2008, S.4

zahlungen und evtl. weiteren Auszahlungen führt (spätere Auszahlungen werden hier nicht betrachtet).

Dabei werden bewusst Aspekte vernachlässigt, die in der Realität zusätzlich Einfluss auf die Vorteilhaftigkeit von Investitionen haben. Dazu zählen neben den o.g. leistungswirtschaflichen Auswirkungen auch solche Einflussfaktoren, die Höhe und zeitlichen Anfall von Zahlungen beeinflussen: Steuern, Unsicherheit, Interdependenzen mit anderen Investitionen (z.B. Synergieeffekte). Die Beschränkung der Betrachtung auf einen Realitätsausschnitt stellt eine Vereinfachung dar. Es wird eine Modellwelt „erschaffen", die der Operationalisierung („Handhabbarmachung") dient.

Die Gestaltung von Modellen und das Denken in eben diesen ist typisch für viele Wissenschaften. Modelle stellen - wie Landkarten - eine vereinfachende Darstellung der Realität dar. Ein Autofahrer wird für eine Reise von Hamburg nach München eine Autobahnkarte anstelle einer Wanderkarte zur Orientierung heranziehen. Dabei nimmt er bewusst in Kauf, dass die Autobahnkarte keine Details rechts und links der Strecke abbildet, da diese Details für die Zielerreichung (Fahrtziel München) nicht als relevant erachtet werden. Das muss nicht bedeuten, dass die außer Acht gelassenen Details tatsächlich irrelevant sind.

Für die Bewertung von Investitionen stehen unterschiedliche Werkzeuge, Verfahren zur Verfügung. Man unterscheidet statische und dynamische Verfahren. Diese sind je nach Datenlage, Situation unterschiedlich gut einsetzbar.

Die dynamischen Verfahren heißen so, weil diese, anders als die statischen, den zeitlichen Anfall von Zahlungen und damit den Zinseszinseffekt berücksichtigen.

Mit den dynamischen Investitionsrechnungen wird versucht, die Mängel zu überwinden, die für die statischen Rechnungen typisch sind.[30]

Statische versus dynamische Verfahren zur Investitionsbeurteilung

Statische Verfahren
- Kostenvergleichsrechnung
- Gewinnvergleichsrechnung
- Rentabilitätsvergleichsrechnung
- Amortisationsvergleichsrechnung (statisch)

dynamische Verfahren
- Kapitalwertmethode
- Endwertmethode
- Amortisationsrechnung (dynamisch)

Statische Verfahren zeichnen sich dadurch aus, dass Zinswirkungen unzureichend erfasst werden und die Betrachtung der gesamten Investitionslebensdauer anhand einer „repräsentativen" Durchschnittsperiode erfolgt.

In diesem Buch wird von den statischen Verfahren nur die Amortisationsvergleichsrechnung besprochen.

4.2.2. Amortisationsvergleichsrechnung (statisch)
Mit Hilfe der Amortisationsvergleichsrechnung, die auch als Pay-off-Rechnung bekannt ist, wird der Zeitraum ermittelt, der notwendig ist, um die Ausgaben für die Anschaffung eines An-

---

[30] In Anlehnung an Kruschwitz, 1998, S.40ff.

lagegutes durch die jährlich erzielten Zahlungsüberschüsse aus-
zugleichen.[31]

Entscheidungsgröße ist die Amortisationszeit[32]:

$$\text{Amortisationszeit} = \frac{\text{Anschaffungskosten}}{\text{jährliche Cash Flows}}$$

Zur Ermittlung der Cash Flows, also der Zahlungsströme, wird
auf die Erfolgsebene (Gewinne) zurückgegriffen.

Hierzu unterstellt man, dass alle Erlöse und alle Kosten, außer
Abschreibungen, zahlungswirksam dem Unternehmen zufließen.
Insofern stellt der Gewinn, abgesehen von Abschreibungen, die
Zahlungsüberschüsse dar. Die auf die Investition entfallenden
Abschreibungen mindern den Gewinn, ohne dass Auszahlungen
erfolgten. Will man die jährlichen Cash Flows über die Gewinne
bestimmen, bedarf es also der Addition in Höhe der Abschrei-
bungen, also Cash Flow = Gewinn + Abschreibungen.[33]

Beispiel 1:

Anschaffungskosten Maschine: 100.000 €

Nutzungsdauer: 5 Jahre

Durchschnittlicher Gewinn: 28.000 € pro Jahr

Amortisationszeit?

---

[31] In Anlehnung an Kruschwitz, 1998, S.35
[32] In Anlehnung an Kruschwitz, 1998, S.36
[33] Vgl. Wöhe, 1998, S.1060f

Lösung:

$$\text{Amortisationszeit} = \frac{100.000}{28.000 + 20.000} = 2,08 \text{ Jahre}$$

Tabelle 5: Beispiel 2a[34]

		Investitionsobjekt
Anschaffungskosten	T€	84
Restwert	T€	4
Nutzungsdauer	Jahre	5
Einzahlungsüberschüsse 1. Jahr	T€	22
Einzahlungsüberschüsse 2. Jahr	T€	26
Einzahlungsüberschüsse 3. Jahr	T€	32
Einzahlungsüberschüsse 4. Jahr	T€	36
Einzahlungsüberschüsse 5. Jahr	T€	40

1. Ermitteln Sie die Cash-Flows der einzelnen Jahre.

Antwort: Einzahlungsüberschüsse = Cash Flows. Nur im letzten Jahr: der Liquidationserlös ist auch noch eine Einzahlung!

2. Ermitteln Sie die (statische) Amortisationszeit

Antwort:

Cash Flows am Ende jedes Jahres: Amortisationszeit 4 Jahre

Anders: Nach drei Jahre 84-22-26-32 = 4 T€

Nach 4/36 Jahre (= 40 Tage) fließt noch € 4.000 ein, macht also nach 3 Jahre und 40 Tage genau ein Saldo von 0 (Einzahlungen – Auszahlungen).

Amortisationszeit also 3 Jahre und 40 Tage

---

[34] Quelle: eigene Darstellung

Keine richtige Alternative mit den vorgegebenen Daten:

Durchschnittliche jährliche Einzahlungsüberschüsse

$156/5 = 31,2$ T€

Amortisationszeit: $84/31,2 = 2,69$ Jahre

Bemerkung:

Kalkulatorische Zinsen werden nicht angesetzt, weil sie als Bestandteil des Gewinnes angesehen werden. Ist das nicht der Fall (kalk. Zinsen haben den Gewinn gemindert, ohne dass Zinsauszahlungen erfolgten, dann Cash Flow = Gewinn + Abschreibungen + kalk. Zinsen

Entscheidungsregel:

Es ist die Investition mit der geringsten Amortisationszeit durchzuführen.

- Als eigenständiger Maßstab untauglich (spätere Zahlungen bleiben unberücksichtigt)
- Oft als Nebenbedingung (z.B. als Schutz vor Unsicherheiten) verwendet.
- Bei Durchschnittsrechnung erfolgt keine Erfassung zeitlicher Unterschiede.
- bei Totalrechnung Erfassung der zeitlichen Verteilung

Trotz der genannten Nachteile stellt die Amortisationsvergleichsrechnung das in der betrieblichen Praxis am weitesten verbreitet Verfahren dar.

4.3. Dynamische Investitionsrechnung

Im Gegensatz zu den statischen Verfahren der Investitionsrechnung zeichnen sich die dynamischen Verfahren dadurch aus, dass sie mehrere Perioden berücksichtigen. Damit finden die einzelnen sich im Betrachtungszeitraum ergebenden Zahlungsströme entsprechende Berücksichtigung.

Fazit: Bei den dynamischen Verfahren wird auf die Durchschnittsbetrachtung verzichtet; es erfolgt eine finanzmathematisch exakte Erfassung der Wirkungen zeitlicher Verteilungsunterschiede durch Zinseszinseffekte.

Wie Sie bereits aus der ersten Woche wissen gilt folgender Zusammenhang:
Um Zahlungen in unterschiedlichen Perioden vergleichbar zu machen, müssen diese auf einen einheitlichen Zeitpunkt bezogen werden.

Wenn alle Zahlungen auf den Betrachtungs-/ Planungszeitpunkt bezogen (abgezinst) werden, erhält man den **Kapitalwert**. Wählt man als Bezugspunkt das Ende der länger laufenden Investition, erhält man den **Endwert**. Wählt man einen beliebigen Zeitpunkt dazwischen erhält man einen Zeitwert. Folglich unterscheidet man Kapitalwertmethode, Endwertmethode und Zeitwertmethode. Die Vorgehensweise zur Zeitwertmethode wird hier nicht vertieft, da sie aus der Kapitalwertmethode und der Endwertmethode abgeleitet werden kann.

Alle vor dem betrachteten Zeitpunkt liegenden Zahlungen werden auf den Betrachtungszeitpunkt aufgezinst, alle nach dem Betrachtungszeitpunkt anfallenden Zahlungen werden abgezinst.

Neben Kapitalwert- und Endwertmethode wird im Rahmen der dynamischen Investitionsrechenverfahren auf die **(dynamische) Amortisationsrechnung** eingegangen werde. Diese stellt eine Mischung aus Kapitalwertverfahren und Amortisationsvergleichsrechnung dar.

4.3.1. Kapitalwertmethode

Bei der Kapitalwertmethode werden alle einer Investition zurechenbaren Ein- und Auszahlungen mit einem gegebenen Kalkulationszins auf den Betrachtungszeitpunkt (t=0) abgezinst. Der Kalkulationszins hängt von den Anlage-/ Kreditaufnahmemöglichkeiten der betrachteten Unternehmung ab. Der Kalkulationszins variiert zwischen den Unternehmen. So ist es denkbar, dass Unternehmen A liquide Mittel zu 5% p.a. anlegen kann, Unternehmen B wegen einer schlechteren Verhandlungsposition lediglich 4% erhält. Unternehmen C und D haben dagegen keine freien Mittel zur Verfügung und müssen Investitionen über eine Kreditaufnahme finanzieren. Auch hier bestehen in der Regel Konditionenunterschiede.

Fazit: Der Kalkulationszins gibt die nächstbeste Verwendung des Geldes an, also entweder der Zins der besten Alternativanlage oder (bei fehlender Alternativanlage) der Zinssatz der besten Finanzierungsalternative (Opportunitätskostenkonzept).

Im Folgenden wird für den gesamten Planungszeitraum ein konstanter Kalkulationszins unterstellt (in der Realität schwankt dieser).

Eine Beziehung zukünftiger Zahlungen auf den Betrachtungszeitpunkt bedeutet, dass zukünftige Zahlungen abgezinst werden:

Eine Ein-/ bzw. Auszahlung in Höhe von 121,-€ in 2 Jahren ist bei einem Kalkulationszins von 10% jetzt (t = 0) 100,-€ wert (Barwert),

- da 100,-€ zum jetzigen Zeitpunkt bei einer Verzinsung mit 10%

- nach einem Jahr 110,-€ und

- nach einem weiteren Jahr 121,-€ wert sind.

Man sagt auch: der Barwert von 121,- € in t = 2 beträgt bei 10% 100,- €.

Zahlungen in t = 1 werden eine Periode abgezinst, Zahlungen in t = 2 werden zwei Perioden abgezinst, ..., Zahlungen in t = n werden n Perioden abgezinst.

Der Barwert bezieht sich auf einzelne (Netto-)Zahlungen, der Kapitalwertbegriff stellt die Summe aller Nettozahlungs-Barwerte dar, beginnend bei der Anfangsauszahlung (-A_0). Beim Aufstellen der Zahlungsreihen beschränkt man sich auf die Nettozahlungen (N_t) bzw. Ein- oder Auszahlungsüberschüsse. Das heißt: es werden alle in einer Periode anfallenden Ein- und Auszahlungen saldiert.

Allgemein gilt somit für den Kapitalwert (KW)[35]:

$$KW = -A + \sum_{t=1}^{n} \frac{N_t}{(1+i)^t}$$

Entscheidungsregel: Führe die Investition dann durch, wenn der Kapitalwert positiv ist!

Stehen mehrere Investitionen zur Wahl, so ist die Investition mit dem höchsten (positiven) Kapitalwert durchzuführen.

Zur Veranschaulichung des Kapitalwertbegriffs sollen drei mögliche Interpretationen kurz vorgestellt werden:

1. Differenz der Barwerte:

KW ist Differenz zwischen Barwert der Einzahlungsüberschüsse und Barwert der Auszahlungsüberschüsse. Positiver KW resultiert aus der Tatsache, dass Barwert der Einzahlungsüberschüsse

---

[35] In Anlehnung an Wöhe, 1996, S.757f.

größer ist als Barwert der Auszahlungsüberschüsse. Die Durchführung der Investition lohnt sich. Im umgekehrten Fall ist der KW negativ und es lohnt sich nicht, die Investition zu realisieren.

2. Vermögenszuwachs:

Bei Investitionsdurchführung erzielt der Investor einen auf t_0 bezogenen Vermögenszuwachs (Mehrkonsummöglichkeit) in Höhe des KW. Dieser Vermögenszuwachs ist allerdings lediglich eine rechentechnische Vergleichsgröße, da Zahlungen des Investitionsobjektes in t_0 tatsächlich noch nicht eingetreten sind. Der Vermögenszuwachs als Vergleichsgröße sagt aus, dass der Investor durch die Investition, bezogen auf t_0, mehr Kapital zur Verfügung hat als bei einer alternativen Anlage seines Eigenkapitals zum jeweiligen Kalkulationszinsfuß.

3. Marktpreis der Investition:

Der Kapitalwert repräsentiert die gesamte Zahlungsreihe eines Investitionsobjektes durch einen Betrag. Der Kapitalwert lässt sich als Marktpreis der zugrundeliegenden Zahlungsreihe der Investition am Kapitalmarkt interpretieren. Denn wenn die mit der Investition verbundene Zahlungsreihe in t_0 am Kapitalmarkt verkauft werden könnte, würde der Verkäufer mindestens den Kapitalwert fordern und der Käufer maximal diesen bezahlen wollen. Der Gleichgewichtspreis beim Handel von Investitionsobjekten wie z. B. Aktien folgt genau dieser Konzeption.

Das Kapitalwertverfahren ist durch folgende Eigenschaften gekennzeichnet:

Zeitliche Verteilung der Ein- und Auszahlungen wird über Zinseszinswirkungen erfasst.

Genauigkeit hängt von der Periodenlänge (Tag, Woche, Monat, Jahr) ab, da oft alle Zahlungen auf das Periodenende bezogen werden.

Tabelle 6: Beispiel 2b:

		Investitionsobjekt
Anschaffungskosten	T€	84
Restwert	T€	4
Nutzungsdauer	Jahre	5
Einzahlungsüberschüsse 1. Jahr	T€	22
Einzahlungsüberschüsse 2. Jahr	T€	26
Einzahlungsüberschüsse 3. Jahr	T€	32
Einzahlungsüberschüsse 4. Jahr	T€	36
Einzahlungsüberschüsse 5. Jahr	T€	40

Aufgabe: Ermitteln Sie den Kapitalwert (Kalkulationszinsfuß 10% p.a.)

Antwort: Kapitalwert =

$$-84 + \frac{22}{1,1} + \frac{26}{1,1^2} + \frac{32}{1,1^3} + \frac{36}{1,1^4} + \frac{44}{1,1^5} = 33,4 \text{T€}$$

4.3.2. Endwertmethode:

Bei der Endwertmethode werden alle einer Investition zurechenbaren Ein- und Auszahlungen mit einem gegebenen Kalkulationszins auf das Laufzeitende der längeren Investition bezogen.

Entscheidungsgröße: Endwert (EW)

Entscheidungsregel: Führe die Investition dann durch, wenn der Endwert positiv ist!

Stehen mehrere Investitionen zur Wahl, so ist die Investition mit dem höchsten (positiven) Endwert durchzuführen.

Bei der Endwertbestimmung werden alle Nettozahlungen auf das Laufzeitende der länger laufenden Investition aufgezinst!

Man erhält die Endwerte auch, indem man die Kapitalwerte auf das Ende des Planungszeitraums aufzinst. Dieser Zusammenhang ist allgemeingültig:

Kapitalwert einer Investition lässt sich aus dem Endwert ermitteln und umgekehrt.

Somit ergibt sich bei beiden Größen die gleiche Handlungsempfehlung, sie sind daher gleich gut geeignet, Investitionsentscheidungen zu treffen.

4.3.3. Dynamische Amortisationsrechnung

In der Praxis wird häufig die Amortisationsdauer als Entscheidungskriterium herangezogen. Analog zur statischen Amortisationsvergleichsrechnung wird bei der dynamischen Amortisationsrechnung der Zeitraum ermittelt, in dem das eingesetzte Kapital zuzüglich der Verzinsung zum Kalkulationszins aus den Zahlungsüberschüssen gerade wieder in das Unternehmen zurückgeflossen ist. Die Amortisationsdauer ist in der Periode erreicht, in der der Kapitalwert einer Investition, ermittelt durch schrittweise Kumulation der Barwerte der Einzahlungsüberschüsse der einzelnen Perioden, gerade null wird (bzw. übersteigt).

Entscheidungsregel (Einzelinvestitionsentscheidung): Wähle die Investition dann, wenn die vorgegebene Amortisationsdauer unterschritten wird!

Entscheidungsregel (Auswahlentscheidung): Es wird zwischen den Investitionen, die die vorgegebene Amortisationsdauer unterschreitet, die Investition gewählt, deren Amortisationsdauer am kürzesten ist!

Gegenüber der statischen Amortisationsvergleichsrechnung stellt man fest, dass die Amortisationszeitpunkte später liegen. Dieser Zusammenhang beruht auf der Abzinsung und damit Verringerung zukünftiger Zahlungen.

Die Beurteilung von Investitionsobjekten anhand der Amortisationsrechnung wurde bereits im Rahmen der statischen Investitionsrechnung als problematisch angesehen. Das Auswahlkriterium der Amortisationsdauer bzw. des Amortisationszeitpunktes vernachlässigt Einzahlungsüberschüsse nach der Amortisationsdauer. Dieses Verfahren gelangt deshalb nur dann zu optimalen Entscheidungen, wenn eine Investition eine andere hinsichtlich des Kapitalwertes dominiert. In diesem Falle ist eine zusätzliche Entscheidungsregel jedoch nicht mehr erforderlich.

Tabelle 7: Beispiel 2c

		Investitionsobjekt
Anschaffungskosten	T€	84
Restwert	T€	4
Nutzungsdauer	Jahre	5
Einzahlungsüberschüsse 1. Jahr	T€	22
Einzahlungsüberschüsse 2. Jahr	T€	26
Einzahlungsüberschüsse 3. Jahr	T€	32
Einzahlungsüberschüsse 4. Jahr	T€	36
Einzahlungsüberschüsse 5. Jahr	T€	40

Aufgabe: Ermitteln Sie die Amortisationszeit (Kalkulationszinsfuß 10% p.a.)

$$-84+\frac{22}{1,1}+\frac{26}{1,1^2}+\frac{32}{1,1^3}=-18,47.. \rightarrow also: 3J+\frac{18,47..}{\dfrac{36}{1,1^4}}=3,75\,Jahre$$

Also 3 Jahre und 9 Monate.

Oder: Amortisationszeit 4 Jahre, (wenn Ein- und Auszahlungen erst am Ende eines Jahres anfallen).

4.3.4. Beurteilung der dynamischen Verfahren

Einsatz in der Praxis: In der Praxis ist in den letzten Jahren eine stärkere Verbreitung der dynamischen Investitionsrechnung in den Investitionsabteilungen der deutschen Unternehmen festzustellen. Dabei gewinnt die Kapitalwertmethode aufgrund ihrer dominierenden Aussagekraft immer mehr an Bedeutung. Die vermehrte Anwendung der dynamischen Investitionsrechnung gilt freilich mehr für größere als für kleinere Unternehmen, die aufgrund des nicht vorhandenen Know-hows, des geringen Kapitalvolumens der Investitionsobjekte und der fehlenden Informationssysteme weiter an der statischen Investitionsrechnung festhalten.

Vereinfachende Prämissen: Im vorangegangenen Kapitel wurde die dynamische Investitionsrechnung anhand einiger vereinfachender Prämissen eingeführt, um die Grundidee der Verfahren besser sichtbar zu machen. Es ist allerdings von der Rechentechnik her völlig unproblematisch, Steuern in die Investitionsentscheidungen mit einzubeziehen, sowie die optimale Nutzungsdauer zu berechnen. Auch die Einbeziehung des Risikos ist rechnerisch ohne weiteres möglich. Diese Erweiterungen sind Folgemodulen im Hauptstudium vorbehalten.

Prognoseunsicherheit: Der einfachen Handhabung der Rechentechnik steht allerdings in der Praxis immer wieder die Unsicherheit über die Zukunft und damit die Prognoseunsicherheit der Daten entgegen. Denn das Ergebnis der Kapitalwertmethode ist nur so gut wie die zugrundeliegenden Daten. Dieses Prognoseproblem kann nie vollständig beseitigt werden. Jedoch werden immer mehr Instrumente entwickelt, die auch auf diesem Gebiet mit Hilfe der EDV zu besseren Prognoseergebnissen gelangen. Anwendung finden in der Praxis beispielsweise die Einbeziehung von Worst-Case- und Best-Case-Szenarien oder Simulationsrechnungen. Als weiteres Beispiel kann man die in letzter Zeit im Rahmen der Aktienanalyse recht erfolgreich eingesetzten neuronalen Netze nennen.

Qualitative Bewertungskriterien: Weiterhin ist zu berücksichtigen, dass neben rein finanziellen bzw. quantitativen Bewertungskriterien auch qualitative Bewertungskriterien existieren. Dabei ist allerdings zu berücksichtigen, dass z. B. ein Profit-Center-Leiter, der eine bestimmte Investition vom Vorstand bewilligt bekommen möchte, mit quantitativen Bewertungskriterien, die schwerer angreifbar sind, eine bessere Argumentationsgrundlage hat als mit qualitativen Bewertungen, die jederzeit durch Diskussionen zu Fall zu bringen sind. Es dauert viel länger und ist schwieriger, die Annahmen, beispielsweise einer der Kapitalwertmethode zugrundeliegenden Zahlungsreihe, ad absurdum zu führen, als die Kriterien einer qualitativen Bewertung. Andererseits erlangen qualitative Bewertungskriterien in neuerer Zeit vor allem unter dem Stichwort „Umweltschutz" eine immer größere Bedeutung. Es bleibt abzuwarten, wie sich derart *weiche Faktoren* quantifizieren und damit in oben genannte Verfahren einbinden lassen.

4.4. Aufgaben

Aufgabe 1:

Zwei Maschinen stehen für eine Erweiterungsinvestition zur Auswahl.

Maschine I verursacht Anschaffungskosten von 80.000 € hat eine Nutzungsdauer von 8 Jahren und erwirtschaftet einen durchschnittlichen Gewinn von 20.000 €.

Maschine II verursacht Anschaffungskosten von 120.000 € hat eine Nutzungsdauer von 8 Jahren und erwirtschaftet einen durchschnittlichen Gewinn von 34.000 €.

1. Welche Maschine ist unter Zugrundelegung der genannten Daten die vorteilhaftere?

2. Inwieweit kann gesagt werden, die Amortisationsvergleichsrechnung berge allgemein die Gefahr, Fehlentscheidungen zu treffen?

Aufgabe 2:

		Investitions-objekt I	Investitions-objekt II
Anschaffungskosten	T€	95	80
Restwert	T€	5	8
Nutzungsdauer	Jahre	9	6
Gewinn 1. Jahr	T€	5	15
Gewinn 2. Jahr	T€	10	15
Gewinn 3. Jahr	T€	15	10
Gewinn 4. Jahr	T€	20	8
Gewinn 5. Jahr	T€	20	8
Gewinn 6. Jahr	T€	5	8
Gewinn 7-9. Jahr	T€	5	

1. Ermitteln Sie die Cash-Flows der einzelnen Jahre.

2. Ermitteln Sie die (statische) Amortisationszeiten der alternativen Investitionsobjekte

3. Ermitteln Sie die Kapitalwerte der alternativen Investitionsobjekte. Gehen Sie von einem Kalkulationszins von 10% aus.

4. Ermitteln Sie die (dynamische) Amortisationszeiten der alternativen Investitionsobjekte

Aufgabe 3:

Zwei alternative Investitionsobjekte sind durch folgende Daten gekennzeichnet:

Periode	Investition A in €		Investition B in €	
	Zahlung	Gewinn	Zahlung	Gewinn
-1	-5.000	-	-	
0	-5.000	-	-40.000	-
1	2.000	-500	13.000	3.000
2	2.000	-500	13.000	3.000
3	9.000	6.500	13.000	3.000
4	-1.000	-3.500	7.000	-3.000

1. Bestimmen Sie die Amortisationsdauer so genau wie möglich!

5. Gleichbleibende Rentenrechnung

5.1 Grundbegriffe der Rentenrechnung
5.2 Eliminationsmethode
5.3 Beispiele für gleichbleibende Renten
5.4 Aufgaben

5.1. Grundbegriffe der Rentenrechnung

Grundbegriffe:
Eine Rente ist eine regelmäßig wiederkehrende Zahlung.
Eine Rentenperiode beschreibt den Zeitabstand zwischen zwei
Rentenzahlungen.

Variablen:

n = Laufzeit der Rate

r_t = Rentenzahlung im Zeitpunkt "t"

R_0 = Barwert der Rente

R_n = Endwert der Rente

Merkmale einer Rente:

1. die Rentenhöhe

2. die Rentendauer

3. Terminierung einer einzelnen Rentenzahlung

4. der Beginn der Rate

1. Die Rentenhöhe.

a) **gleichbleibende (oder konstante) Rente:**

Die Rentenzahlungen sind alle gleich,

($r_1 = r_2 = r_3 = ... = r_n$), z.B. jemand bringt 6 Jahre lang monatlich 100 € zur Bank.

b) **veränderliche (oder dynamische) Rente:**

Die Rentenzahlungen ändern sich regelmäßig,

z.B. $r_1 = 110$, $r_2 = 120$, $r_3 = 130$, $r_4 = 140$ u.s.w.

oder

die Rentenzahlungen ändern sich regellos

z.B. $r_1 = 100$, $r_2 = 90$, $r_3 = 105$, $r_4 = 200$ u.s,w.

2. Die Rentendauer.

a) **eine endliche Rente:**

Eine begrenzte und bekannte Zeitspanne.

b) **eine ewige Rente:**

Eine unbegrenzte Zeitspanne, z.B. für die Verpachtung eines Grundstückes an eine Kirchengemeinde muss diese dem Eigentümer eine ewige Rente von 2.000 € jährlich zahlen.

3. Terminierung einer einzelnen Rentenzahlung.

a) **Postnumerande (nachschüssige) Rentenzahlung.**

Rentenzahlungen sind am Ende einer jeden Rentenperiode fällig.

b) Pränumerande (vorschüssige) Rentenzahlung:
Rentenzahlungen sind am Anfang jeder Rentenperiode fällig, z.B. Mietzahlungen.

4. Der Beginn der Rente.

a) Sofortige Rente:
Rentenzahlung während der gesamten Laufzeit.

b) Aufgeschobene Rente:
Die Rentenzahlungen setzen erst nach einigen Zeitabschnitten ein.

Die zahlungsfreie Zeit wird **Karenzzeit** (oder Leerzeit oder Wartezeit) genannt.

Aus der Kombination der unterschiedlichen Kennzeichen einer Rente lässt sich eine Vielzahl von unterschiedlichen Problemstellungen ableiten.

Lösungsschritte bei jeder Aufgabe:

1. Aufgabe lesen und analysieren

2. Zeitstrahl darstellen

3. Gleichung aufstellen

4. Lösungsmethode wählen

5. Lösen (=berechnen)

6. Kontrolle

Warnung: *Die Gefahr ist groß, dass jemand Formeln auswendig lernt, um sie anschließend auf eine Rente anzuwenden, die auf der Grundlage einiger*

Daten definiert ist. Dabei können viele Fehler gemacht werden: Jemand wendet eine Formel an, die auf das Problem nicht zutrifft oder er bedient sich zwar der richtigen Formel, aber stellt sich dabei so ungeschickt an, dass die Formel nur falsch oder sogar überhaupt nicht angewendet werden kann.

Wichtig: *Eine SYSTEMATISCHE Behandlung der Rentenrechnung, d.h. **keine** Formel auswendig lernen, sondern die **Eliminationsmethode** als einheitliche Lösungsmethode benutzen.*

5.2. Eliminationsmethode

5.2.1. Einführung

Ebenso wie für einen einzigen Geldbetrag besteht die Möglichkeit auch für eine Reihe von Geldbeträgen sowohl Endwert- als auch Barwertberechnungen durchzuführen. Die Erörterung dieses Themas erfolgt anhand eines Zahlenbeispiels mit dem mehrere Situationen dargestellt werden können. Ausgangspunkt ist immer eine Reihe von Geldbeträgen in Höhe von jeweils 100 € und ein Zinssatz von 5,1% Zinseszins jährlich. Durch die Verschiebung der Geldbetragsreihe auf der Zeitlinie werden verschiedene Situationen dargestellt.

5.2.2. Berechnung des Barwerts

In der ersten Situation werden zehn Beträge zu je 100 € nach 1, 2 bis 10 Zinsperioden fällig.

Die erste Frage, die sich stellt, betrifft die Wertung dieser Beträge zu Beginn der Zeitlinie: der **Barwert**. Die Frage bezieht sich auf die Abzinsung nicht eines, sondern mehrerer Beträge. In dieser Hinsicht unterscheidet sich das Problem nicht von dem bereits erörterten Problem der Diskontierung eines Geldbetrags. Von Bedeutung ist jedoch die Frage, ob angesichts des Verhältnisses zwischen den gegebenen Geldbeträgen eine **systematische Lösung** möglich ist. Also eine Lösung, die dem Verhältnis zwischen den aufeinanderfolgenden Beträgen Rechnung trägt. Eine nicht-systematische Lösung führt zur Aufstellung von zehn Beträgen, die einzeln abgezinst werden.

Systematische Lösung

Erst wird der Barwert am Anfang der Zeitlinie, dies ist der Zeitpunkt 01.01.01 (beziehungsweise Tag, Monat, Jahr), bestimmt.

Abzinsen bedeutet mit dem Abzinsungsfaktor multiplizieren:

$$\boxed{\frac{1}{(1+i)^n}}$$

hier $\dfrac{1}{1{,}051^n}$, wobei **n** die Anzahl der Zinsperioden angibt.

Der Zeitpunkt, an dem der Wert der Geldbeträge bestimmt wird, wird immer als Stichtag oder Valutatag angegeben. Die

Valutierung der Betragsreihe zu je 100 € am 1.1.1 führt zu folgender Gleichung:

$$C = \frac{100}{1,051^1} + \frac{100}{1,051^2} + \frac{100}{1,051^3} + \ldots + \frac{100}{1,051^9} + \frac{100}{1,051^{10}} \quad / \cdot 1,051^1$$

$$C \cdot 1,051 = \frac{100}{1} + \frac{100}{1,051^1} + \frac{100}{1,051^2} + \frac{100}{1,051^3} + \ldots + \frac{100}{1,051^9}$$

$$(1,051 - 1) \cdot C = 100 - \frac{100}{1,051^{10}} \Rightarrow C = 768,44€$$

Erläuterung

Formel (1), die algebraische Wiedergabe des vorgelegten Problems, ist eine geometrische Reihe: Das Verhältnis zwischen den aufeinanderfolgenden Gliedern der Reihe ist eine Konstante, und zwar 1,051. Ein Glied aus der Reihe kann durch die Multiplikation von links nach rechts mit folgendem Faktor gefunden werden:

$$\boxed{\frac{1}{1,051}}$$

Die Eigenschaft der Gleichung ist eine direkte Folge der Zinsbedingung "Zinseszins".

Das exponentielle Verhältnis zwischen den aufeinanderfolgenden Gliedern wird Systematisierung der Lösung von Gleichung angewendet. Durch die Multiplikation mit dem Verhältnisfaktor der Reihe, dem Verhältnis $(1+i)^1$, entsteht eine zweite Gleichung, die um 5,1% größer ist als die erste Gleichung. Der größere Wert der Gleichung (2) bedeutet, dass sich die Saldierung der Gleichungen (1) und (2) am einfachsten durch die Subtraktion von (1) bewerkstelligen lässt. Nach dieser Subtraktion erhält man Gleichung (3), wobei mit den Leerstellen zwischen den zwei verbleibenden Gliedern verdeutlicht werden soll, dass sich die Glieder 1 bis 9 der Gleichung (1) mit den korrespondierenden Gliedern der Gleichung (2) aufheben.

5.2.3. Berechnung des Endwerts.

Man geht von der Zeitlinie in Abschnitt 1.2 aus; allerdings wird nun den Wert der Beträge zum Zeitpunkt 31.12.10 bei einem Zinssatz von 8,2% bestimmt.

Erst werden die Beträge einzeln durch die Multiplikation mit dem Aufzinsungsfaktor $(1 + i)^n$, hier $1,082^n$, aufgeszinst.

$$B_{31.12.10} = 100 + 100 \cdot 1,082^1 + 100 \cdot 1,082^2 + ... + 100 \cdot 1,082^9$$

Auch nun liegt wieder aufgrund der Verzinsung auf Zinseszinsbasis eine geometrische Reihe vor, die sich durch Multiplikation mit dem Verhältnis der Reihe lösen lässt: 1,082. Dieses Lösungsverfahren von geometrischen, exponentiellen Reihen bietet auch für komplexe Reihen eine **einheitliche Lösungsmethode**, die in den folgenden Kapiteln behandelt wird. Da sich übereinstimmende Glieder dabei aufheben, wird diese Methode **Eliminationsmethode** genannt.

Man berechnet nun mit Hilfe der Eliminationsmethode den Endwert der Gleichung (1).

$$E = 100 + 100 \cdot 1{,}082^1 + 100 \cdot 1{,}082^2 + \ldots + 100 \cdot 1{,}082^9$$

$$E \cdot 1{,}082 = 100 \cdot 1{,}082^1 + 100 \cdot 1{,}082^2 + \ldots + 100 \cdot 1{,}082^{10}$$

$$E \cdot 0{,}082 = -100 + 100 \cdot 1{,}082^{10}$$

$$E = 100 \cdot \frac{\left(1{,}082^{10} - 1\right)}{0{,}082} = 1.462{,}49 \euro$$

Mathematisch Geschulte können feststellen, dass das Ergebnis der Eliminationsmethode gleich dem Ergebnis der Summierungsformel für eine geometrische Reihe ist. Wer die Ableitung dieser Formel kennt, den wundert es nicht. Wem die (Ableitung der) Summierungsformel ein Rätsel ist, dem bietet die Eliminationsmethode einen Ausweg.

Die Bewertung einer Kapitalanlage anhand des Barwertes der künftigen Kassenströme beruht auf der Voraussetzung, dass die zwischenzeitlich anfallenden Beträge erneut zur Renditebedingung, die dem Barwert zugrunde liegt, angelegt werden. Es wird in diesem Zusammenhang bei der Anwendung der Netto-Barwertmethode von der **Reinvestitionsvoraussetzung** gesprochen.

Alternative Lösungsmethoden:

- Addiere von allen Rentenzahlungen die Summen bedeutet einen sehr hohen Arbeitsaufwand!

- Nutze die Summenformel der geometrischen Reihe!

Auch wenn die Rentenhöhe oder die Laufzeit berechnet werden sollen, kann man die Eliminationsmethode benutzen. Den Zinssatz kann man nicht genau berechnen, daher soll er nach dem Prinzip **trial and error** oder mittels Iterationsverfahren ermittelt werden.

Die iterative Berechnung des Zinssatzes kann hier und da auch überaus sinnvoll sein!

5.3. Beispiele für gleichbleibende Renten

Beispiel 1:

Berechnung des Endwertes einer Rente.

Hans A. Bier zahlt vier Jahre lang nachschüssig eine Rente von 300 € auf ein Konto, das mit 6% verzinst wird.

Wie hoch ist sein Kapital **am Ende** des vierten Jahres?

Lösung:

$$E = 300 + 300 \cdot 1,06^1 + 300 \cdot 1,06^2 + 300 \cdot 1,06^3 \qquad \big| \cdot 1,06$$

$$E \cdot 1,06 = 300 \cdot 1,06^1 + 300 \cdot 1,06^2 + 300 \cdot 1,06^3 + 300 \cdot 1,06^4$$

$$E \cdot 0,06 = -300 + 300 \cdot 1,06^4$$

$$E = 1.312,38€$$

Das Kapital am Ende des vierten Jahres beträgt somit 1.312,38€. Bei einer Laufzeit von vier Jahren könnte die Zahlungsreihe natürlich auch einfach in einen Taschenrechner eingegeben werden und somit ohne Eliminationsmethode gearbeitet werden. Würde aber beispielsweise 4 Jahre lang monatlich eingezahlt, wären es schon 48 Zahlungen.

Beispiel 2:

Beispiel für eine vorschüssige Rente.

Wilma Haschen soll 15 Jahre lang eine Rente von 4.000 €, zahlbar jeweils zu Jahresbeginn, erhalten.

Wie hoch ist der **Barwert** dieser Rente bei einem Zins von 5,5% p.a.?

Lösung:

$$R_0 = 4000 + \frac{4000}{1{,}055} + \ldots \qquad + \frac{4000}{1{,}055^{13}} + \frac{4000}{1{,}055^{14}} \quad \Big| \cdot 1{,}055$$

$$1{,}055 \cdot R_0 = 4000 \cdot 1{,}055 + 4000 + \frac{4000}{1{,}055} + \ldots + \frac{4000}{1{,}055^{13}}$$

$$0{,}055 \cdot R_0 = 4000 \cdot 1{,}055 - \frac{4000}{1{,}055^{14}}$$

$$0{,}055 \cdot R_0 = 4000 \cdot \left(1{,}055 - \frac{1}{1{,}055^{14}} \right)$$

$$R_0 = 42.358{,}59 \,€$$

Beispiel 3a:

Restzahlung

Rosa Himmel verfügt über 3.500 €. Der Zinsfuß beträgt 5% p.a. Sie will von diesem Kapital jährlich nachschüssig eine Rente von 500 € zahlen.

Wie lange ist dies möglich?

Lösung:

$$3.500 = \frac{500}{1,05^1} + \frac{500}{1,05^2} + \ldots + \frac{500}{1,05^{n-1}} + \frac{500}{1,05^n} \qquad \Big| \cdot 1,05^1$$

$$1,05 \cdot 3.500 = 500 + \frac{500}{1,05^1} + \frac{500}{1,05^2} + \ldots + \frac{500}{1,05^{n-1}}$$

$$175 = 500 - \frac{500}{1,05^n} \Leftrightarrow 1,05^n = 1,5385 \Leftrightarrow$$

$$n \cdot \log 1,05 = \log 1,5385 \Leftrightarrow$$

$$n = 8,8293$$

Demzufolge 8 ganze Jahre.

Beispiel 3b:

Man kann achtmal (siehe Beispiel 3a) 500 € zahlen. Danach ist noch ein Restkapital vorhanden.

Welchen Betrag kann Rosa nach 9 Jahren noch zahlen?

Lösung:

$$3.500 = \frac{500}{1,05} + \frac{500}{1,05^2} + \frac{500}{1,05^3} + \dots + \frac{500}{1,05^8} + \frac{r_9}{1,05^9}$$

$$1,05 \cdot 3.500 = 500 + \frac{500}{1,05} + \frac{500}{1,05^2} + \dots + \frac{500}{1,05^7} + \frac{r_9}{1,05^8}$$

$$0,05 \cdot 3.500 = 500 + \frac{r_9}{1,05^8} - \frac{500}{1,05^8} - \frac{r_9}{1,05^9}$$

$$175 + \frac{500}{1,05^8} - 500 = r_9 \cdot \left(\frac{1}{1,05^8} - \frac{1}{1,05^9} \right)$$

$$13,419691 = r_9 \cdot 0,0322304 \Leftrightarrow r_9 = 416,37€$$

Fazit:
Die Eliminationsmethode kann in allen Fällen genutzt werden.

5.4. Aufgaben

ELIMINATIONSMETHODE ALS EINHEITLICHE LÖSUNGSMETHODE

Aufgabe 1.

Anja T. zahlt 16 Jahre lang 500 € auf ein Konto ein, das mit 5,375% p.a. verzinst wird. Wie groß ist der Endwert, wenn die Rente:

a.   vorschüssig,

b.   nachschüssig gezahlt wird?

Aufgabe 2.

Alexandra B. besitzt 20.000 €, die mit 4,125% p.a. verzinst werden. Wie hoch ist die Rente, die man 10 Jahre lang aus diesem Kapital:

a.   vorschüssig,

b.   nachschüssig zahlen kann?

Aufgabe 3.

Ralf T. möchte mit Wirkung vom 31.März 1990 bis zum 31.Dezember 1996 am Ende jedes Quartals 1.800 € von einem Sparkonto abheben, das mit 1,8% Zinseszins vierteljährlich verzinst ist.

Berechnen Sie, über welchen Betrag er zum 1.Januar 1990 auf dem Sparkonto verfügen muss, um den genannten Betrag abheben zu können.

Aufgabe 4.

Wanda Düne steht hinsichtlich einer Schuldbegleichung mit einem Schuldner vor folgender Entscheidung:

a. eine Zahlung in Jahresraten in Höhe von 1.500 € jeweils am 1.Oktober in den Jahren 1994 bis 2003;

b. die Zahlung eines Betrags in Höhe von 8.500 € am 1.Oktober 1990.

Der von ihm angerechnete Zinsfuß beträgt 7% Zinseszins jährlich.

Berechnen und begründen Sie seine Entscheidung.

6. Gleichbleibende Renten (2.Teil)

6.1 Zinsperiode ungleich Rentenperiode

   6.1.1 Zinsperiode < Rentenperiode

   6.1.2 Zinsperiode > Rentenperiode

6.2 Ewige Rente

6.3 Aufgaben

6.1. Zinsperiode ungleich Rentenperiode

Im Gegensatz zu den bisherigen Rentenberechnungen wird jetzt davon ausgegangen, dass sich Zins- und Rentenperiode auf unterschiedliche Zeiträume beziehen.

Beispiel:
Eine jährlich gleichbleibende Rente (Rentenperiode: 1 Jahr) in Höhe von 10.000,-€ mit einem Monatzins als Zinsverrechnungsperiode (Zinssatz angegeben mit x% pro Monat. Zinsperiode also 1 Monat). Die Zinsperiode kann kürzer oder länger sein als die Rentenperiode.

Es werden in diesem Kapitel beide Fälle betrachtet.

6.1.1. Zinsperiode < Rentenperiode

Beispiel:
Klara Korn besitzt ein Kapital von 30.000 €. Ihre Bank verzinst das Kapital mit 1% je Quartal. Olivia will an sich selbst eine dreijährige gleichbleibende Rente aus diesem Vermögen zahlen. Wie hoch ist diese bei nachschüssiger Zahlung?

$$30.000 = \frac{r}{1,01^4} + \frac{r}{1,01^8} + \frac{r}{1,01^{12}} \qquad \Big| \cdot 1,01^4$$

$$1,01^4 \cdot 30.000 = r + \frac{r}{1,01^4} + \frac{r}{1,01^8}$$

$$\left(1,01^4 - 1\right) \cdot 30.000 = r - \frac{r}{1,01^{12}}$$

$$r = 10.822,85 €$$

6.1.2. Zinsperiode > Rentenperiode

Beispiel:
Paul Lahner will 2 Jahre lang monatlich 150 € auf sein Sparbuch einzahlen. Zinssatz 2,25% p.a.. Wie hoch ist das Endkapital, wenn Stefan jeweils am Monatsultimo einzahlt?

$$R_n = 150 + 150 \cdot 1,0225^{\frac{1}{12}} + \dots + 150 \cdot 1,0225^{\frac{23}{12}} \qquad \Big| \cdot 1,0225^{\frac{1}{12}}$$

$$1,0225^{\frac{1}{12}} \cdot R_n = 150 \cdot 1,0225^{\frac{1}{12}} + \dots + 150 \cdot 1,0225^{\frac{24}{12}}$$

$$\left(1,0225^{\frac{1}{12}} - 1\right) \cdot R_n = -150 + 150 \cdot 1,0225^{\frac{24}{12}}$$

$$R_n = 3.677,89 €$$

6.2. Ewige Rente

Bisher wurden immer nur Renten mit endlicher Laufzeit betrachtet, jedoch muss nun auch noch kurz auf ewige Renten eingegangen werden. Ewige Renten sind Zahlungsströme, die unendlich lange fließen. Es bedarf keiner besonderen Vorstellungskraft, sich klar zu machen, dass der Endwert einer ewigen Rente unendlich groß ist. Die Summe einer nicht endenden Folge von Zahlungen wächst selbst dann über alle Grenzen, wenn keine Zinsen verrechnet werden. Im Gegensatz dazu hat der Barwert einer ewigen Rente regelmäßig einen endlichen Wert; jedenfalls dann, wenn man es mit positiven Zinssätzen (i>0) zu tun hat, wovon eigentlich immer auszugehen ist.[36]

Beispiel:
Otto Mane räumt Otto Päde ein Wegerecht auf alle Zeiten ein. Otto Päde muss daraufhin für unbegrenzte Zeit an Otto Mane zum Ende eines jeden Jahres 1.000 € zahlen.
Berechnen Sie den Barwert dieser ewigen Rente bei 8% Jahreszinsen.

$$BW_\infty^{nachschüssig} = \frac{1.000}{1,08^1} + \frac{1.000}{1,08^2} + ... + \frac{1.000}{1,08^{n-1}} + \frac{1.000}{1,08^n} \;\Big|\cdot 1,08^1$$

$$1,08 \cdot BW_\infty^{nachschüssig} = 1.000 + \frac{1.000}{1,08^1} + \frac{1.000}{1,08^2} + ... + \frac{1.000}{1,08^{n-1}}$$

---

[36] Luderer, Würker, 2009, S.117

$$0,08 \cdot BW_{\infty}^{\text{nachschüssig}} = 1.000 - \frac{1.000}{1,08^n}$$

$$n \Rightarrow \infty$$

$$0,08 \cdot BW_{\infty}^{\text{nachschüssig}} = 1.000$$

$$BW_{\infty}^{\text{nachschüssig}} = 12.500,- \, €$$

Einfacher:

Wie hoch ist der Barwert (das Anfangskapital) von 1.000 € bei einer Verzinsung von 8% p.a.?

$$BW_{\infty}^{\text{nachschüssig}} \cdot 0,08 = 1.000$$

$$BW_{\infty}^{\text{nachschüssig}} = \frac{1.000}{0,08} = 12.500,- \, €$$

Die Formel für den nachschüssigen Barwert bei ewiger Laufzeit lautet demnach[37]:

$$BW_{\infty}^{\text{nachschüssig}} = \frac{\text{Rente}}{i}$$

---

[37] In Anlehnung an Luderer, Würker, 2009, S.117

Frage:

Wie hoch ist der Barwert, wenn jährlich 1.000 € am Anfang eines jeden Jahres gezahlt werden sollen (vorschüssig)?

$$BW_\infty^{vorschüssig} = 1.000 + \frac{1.000}{1,08^1} + \frac{1.000}{1,08^2} + ... + \frac{1.000}{1,08^{n-1}} + \frac{1.000}{1,08^n} \quad \Big| \cdot 1,08^1$$

$$1,08 \cdot BW_\infty^{vorschüssig} = 1.000 \cdot 1,08 + 1.000 + \frac{1.000}{1,08^1} + \frac{1.000}{1,08^2} + ... + \frac{1.000}{1,08^{n-1}}$$

$$0,08 \cdot BW_\infty^{vorschüssig} = 1.000 \cdot 1,08 - \frac{1.000}{1,08^n}$$

$$n \Rightarrow \infty$$

$$0,08 \cdot BW_\infty^{vorschüssig} = 1.000 \cdot 1,08$$

$$BW_\infty^{vorschüssig} = 13.500 €$$

Die Formel für den vorschüssigen Barwert bei ewiger Laufzeit lautet demnach[38]:

$$BW_\infty^{vorschüssig} = \frac{Rente \cdot (1+i)}{i}$$

---

[38] In Anlehnung an Luderer, Würker, 2009, S.117

6.3. Aufgaben

Verwenden Sie die ELIMINATIONSMETHODE als einheitliche Lösungsmethode

Aufgabe 1.

Von postnumerando zahlbaren Zinsen mit gleichbleibenden Raten in Höhe von 975 € wird die erste Rate 1991 fällig, die zweite 1993, die dritte 1995 bis einschließlich 2013.
Berechnen Sie den Barwert der Zinsen zum 1.Januar 1987 ausgehend von 5,1% Zinseszinsen jährlich.

Aufgabe 2.

Ein Darlehensnehmer schlägt seinem Darlehensgeber bezüglich der Darlehenstilgung folgende Alternativen vor:
1. Eine Zahlung in halbjährlichen Raten von 25.000 €, und zwar jeweils am 1.Mai und am 1.November in den Jahren 1991 bis 1998.
2. Eine Zahlung von einem einzelnen Betrag in Höhe von 240.000 € am 1.Mai 1987.
   Der Darlehensgeber wendet einen Zinsfuß von 8,7% Zinseszinsen jährlich an.
   Welche Alternative würde der Darlehensgeber wählen?

Aufgabe 3.

a) Berechnen Sie auf der Grundlage eines Zinssatzes von 4,6% Zinseszins jährlich den Barwert einer sofortigen, ewigen, nachschüssigen Rente mit jährlichen Teilbeträgen in Höhe von 4.500 €.

b) Wie unter a. jedoch für eine vorschüssige Rente.

Aufgabe 4.

Eine ewige, nachschüssige Rente mit Jahresteilbeträgen in Höhe von 4.500 € wird in eine sofortige, vorschüssige Rente mit zwanzig Jahresteilbeträgen zu einem Zinssatz von 7,5% jährlich umgewandelt. Berechnen Sie die Höhe der Teilbeträge dieser Zeitrente.

7. Dynamische Rentenrechnung

7.1 Grundbegriffe
7.2 Arithmetisch fortschreitende Renten
7.3 Geometrisch fortschreitende Renten
7.4 Aufgaben

7.1. Grundbegriffe der dynamischen Rentenrechnung

Eine Rente als "eine Reihe von Teilbeträgen" lässt sich nach vier Gesichtspunkten beurteilen:

1.   nach der Fälligkeit des Teilbetrags:
 – nachschüssig
 – vorschüssig

2.   nach der Laufzeit der Rente:
 – Zeitrente: die Rente weist eine begrenzte, endliche Anzahl von Teilbeträgen auf
 – ewige Rente: die Rente weist eine unbegrenzte, unendliche Anzahl von Teilbeträgen auf

3.   nach dem Beginn der Rente:
 – sofortige Rente
 – aufgeschobene Rente

4.   nach der Höhe der Teilbeträge:
 – **konstant,** d.h. alle Renten-Teilbeträge sind gleich.
 – **dynamisch,** d.h. die Teilbeträge sind unterschiedlich.

Die unterschiedlichen Teilbeträge einer Rente können wie folgt unterteilt werden:

1. Zwischen den Teilbeträgen gibt es kein Verhältnis

Als Beispiel dient folgendes. Im laufe von 5 Jahren zahlt ein Vater immer wieder Geld für seinen Sohn auf ein Konto ein, welches mit 5 % p.a. verzinst wird. Der Vater zahlt einen Monat 100,- € im nächsten Monat nichts und dann z.B. 150,-€. Also unbeständig viele Einzahlungen in unbeständiger Höhe. Kurzum es besteht kein Verhältnis zwischen den Teilzahlungen.

2. Zwischen den Teilbeträgen besteht ein Verhältnis und zwar entweder ein
   • arithmetisches Verhältnis oder ein
   • geometrisches Verhältnis

Nur bei sich regelmäßig ändernde Renten kann man methodisch zu einer Lösung kommen. Die Fragestellungen (Barwert, Endwert, Laufzeit und Zinssatz) sind die gleichen wie bei den gleichbleibenden Renten. Es kann ebenfalls auf die gleiche Lösungsmethode, die ELIMINATIONSMETHODE, zurückgegriffen werden.

Zahlenfolgen und Reihen, speziell die arithmetischen und die geometrischen, bilden die mathematischen Grundlagen für die Finanzmathematik.[39]

---

[39] Vgl. Bosch, 1992, S.19

Als Ausprägungsformen wird in diesem Abschnitt unterschieden in:

• ARITHMETISCH FORTSCHREITENDE RENTEN und
• GEOMETRISCH FORTSCHREITENDE RENTEN

7.2. Arithmetisch fortschreitenden Renten

Die nun folgenden Zahlenfolgen haben generell die gleiche Eigenschaft. Die Differenz zweier aufeinanderfolgender Zahlen (z.B. Renten) ist konstant. Eine solche Zahlenfolge heißt arithmetisch.. Sie ist bestimmt durch die Vorgabe der ersten Zahl (z.B. Rente) und der Differenz der aufeinanderfolgenden Zahlen (respektive Renten).[40]

Beispiel:
Eine arithmetische Reihe ist zum Beispiel:
100,-€, 120,-€, 140,-€, 160,-€, 180,-€, 200,-€

Die Rentenhöhe nimmt um einen konstanten absoluten Betrag zu (hier um 20,-€).

Beispiel Rente:
Rainer Stoff zahlt am Jahresende 1.000 € auf ein Konto, das mit 5% verzinst wird. Ferner zahlt er am Ende jedes folgenden Jahres einen Betrag, der jeweils 300 € über dem Vorjahreswert liegt.

Wie groß ist Rainers Kapital nach sieben Jahren?

---

[40] Vgl. Bosch, 1992, S.20

$$EW = 2.800 + 2.200 \cdot 1{,}05 + \ldots + 1.000 \cdot 1{,}05^6$$

$$EW \cdot 1{,}05 = 2.800 \cdot 1{,}05 + 2.500 \cdot 1{,}05^2 + \ldots + 1.000 \cdot 1{,}05^7$$

$$(1{,}05 - 1) \cdot EW = -2.800 + \underbrace{\left(300 \cdot 1{,}05 + \ldots + 300 \cdot 1{,}05^6\right)}_{Y} + 1.000 \cdot 1{,}05^7$$

Anmerkung: **Für den Teil der Gleichung zwischen Klammern (hier Y) ist in diesem Fall eine weitere Anwendung der Eliminationsmethode notwendig!**

$$Y = \left(300 \cdot 1{,}05^1 + 300 \cdot 1{,}05^2 + 300 \cdot 1{,}05^3 + \ldots + 300 \cdot 1{,}05^6\right)$$

$$Y \cdot 1{,}05 = 300 \cdot 1{,}05^2 + 300 \cdot 1{,}05^3 + \ldots + 300 \cdot 1{,}05^7$$

$$0{,}05 \cdot Y = -300 \cdot 1{,}05^1 + 300 \cdot 1{,}05^7$$

$$Y = 2.142{,}60 €$$

Fortsetzung Lösung:

$$(1{,}05 - 1) \cdot EW = -2800 + (Y) + 1000 \cdot 1{,}05^7$$

$$(1{,}05 - 1) \cdot EW = -2800 + (2142{,}60) + 1000 \cdot 1{,}05^7$$

$$EW = 14.994{,}06$$

also 14.994,06 €.

Fazit: bei einer arithmetisch fortschreitenden Rente ist die zweifache Anwendung der Eliminationsmethode erforderlich. Diese Lösungsmethode führt in der Regel immer zum Ziel. Zu Beginn erscheint diese Methode als unübersichtlich, doch wirft sie keine neuen Schwierigkeiten in Form neuen Lösungstechniken auf, da die Eliminationsmethode bereits erlernt wurde.[41]

---

[41] Siehe ergänzend hierzu Bosch, 1992, S20ff.

7.3. Geometrisch fortschreitende Renten

Bei einem geometrischen Verhältnis errechnet sich der nächste Teilbetrag aus der Multiplikation des vorangegangenen Teilbetrags mit einer konstanten Zahl. Anders ausgedrückt, bei einer geometrisch steigenden (sinkenden) Rente ist **das Verhältnis** zwischen den aufeinanderfolgenden Teilbeträgen konstant.

Beispiel:

Gerold Steiner hat drei Jahre lang eine Rente zu zahlen, die mit einem Betrag von 7.000 € beginnt und jährlich um 5% steigt.

Wie viel Kapital muss Gerold heute aufbieten, wenn der Zins 10% p.a. beträgt?

Es ist zu beachten, dass bei der Anwendung der Eliminationsmethode im Falle einer geometrischen Reihe auch die z.B. jährliche prozentuale Steigerung dieser Rente mit einzubeziehen ist.[42]
In diesem Fall muss nicht nur mit 1,10 „durchmultipliziert" werden, sondern gleichzeitig durch 1,05 dividiert werden.

$$BW = 7.000 \cdot \frac{1}{1,10} + 7.000 \cdot \frac{1,05}{1,10^2} + 7.000 \cdot \frac{1,05^2}{1,10^3} \quad \left| \cdot \frac{1,10}{1,05} \right.$$

$$BW \cdot \frac{1,10}{1,05} = 7.000 \cdot \frac{1}{1,05} + 7.000 \cdot \frac{1}{1,10^1} + 7.000 \cdot \frac{1,05}{1,10^2}$$

$$BW \cdot \left(\frac{1,10}{1,05} - 1 \right) = 7.000 \cdot \frac{1}{1,05} - 7.000 \cdot \frac{1,05^2}{1,10^3}$$

---

[42] Siehe ergänzend hierzu Bosch, 1992, S.20ff.

$$BW = \frac{7.000 \cdot \left(\dfrac{1}{1,05} - \dfrac{1,05^2}{1,10^3} \right)}{\dfrac{1,10}{1,05} - 1}$$

$$BW = \frac{868,39469}{0,047619} = 18.236,29€$$

Fazit: bei einer geometrisch fortschreitenden Rente bedarf es einer „Erweiterung" der Ausgangsgleichung mit dem Aufzinsungsfaktor und dem Kehrwert des Faktors, um den die Rente zunimmt (abnimmt).

Auch eine EWIGE RENTE kann eine dynamische Rente sein.

Beispiel:
Berechnen Sie den Barwert einer jährlichen ewigen Rente, deren erste Teilzahlung zu 700 € in exakt einem Jahr fällig ist. Jede nächste Teilzahlung dieser Rente ist 5% größer als die unmittelbar vorangegangene Teilzahlung.
Zinssatz 10% jährlich.

Es wird also auf das vorangegangene Beispiel zurückgegriffen, mit dem Unterschied, dass die Rentendauer nun unendlich ist.

Zuerst wird wiederum die Zahlungsreihe erstellt, die dann die

Anwendung der Eliminationsmethode nach sich zieht.

Als Multiplikator wird in diesem Beispiel $\dfrac{1,10}{1,05}$ genutzt.

$$K_0 = 700 \cdot \frac{1}{1,10} + 700 \cdot \frac{1,05}{1,10^2} + 700 \cdot \frac{1,05^2}{1,10^3} + ... + 700 \cdot \frac{1,05^{\infty-1}}{1,10^{\infty}} \quad \Bigg| \cdot \frac{1,10}{1,05}$$

$$K_0 \cdot \frac{1,10}{1,05} = 700 \cdot \frac{1}{1,05} + 700 \cdot \frac{1}{1,10^1} + 700 \cdot \frac{1,05}{1,10^2} + ... + 700 \cdot \frac{1,05^{\infty-2}}{1,10^{\infty-1}}$$

$$K_0 \cdot \left(\frac{1,10}{1,05} - 1 \right) = 700 \cdot \frac{1}{1,05} - 700 \cdot \frac{1,05^{\infty-1}}{1,10^{\infty}}$$

$$K_0 = \frac{700 \cdot \dfrac{1}{1,05}}{\dfrac{1,10}{1,05} - 1} = 14.000$$

Fazit: Auch bei einer ewigen geometrisch wachsenden Rente kann der Kapitalwert endlich sein. Dies gilt aber nur solange, wie die Abzinsung stärker als das Wachstum der Rentenhöhe ausfällt (Es ist sinnvoll sich diesen Aspekt anhand der Ausgangsgleichung deutlich zu machen).

7.4. Aufgaben

Aufgabe 1.

Ein Elternpaar ist bereit, zu Gunsten seines Kindes regelmäßig Sparleistungen zu erbringen. Es ist vorgesehen, am Ende eines jeden Jahres, Einzahlungen vorzunehmen. Diese sollen mit 1.000 € beginnen und von Jahr zu Jahr um 150 € gesteigert werden. Einlagen werden mit 4,5% verzinst.
Wie hoch ist das Kapital am 18.Geburtstag des Kindes?

Aufgabe 2.

Sie sind verpflichtet, an einen der Mitarbeiter 10 Jahre lang eine Rente zu zahlen, die im ersten Jahr 7.000 € beträgt und danach jährlich um 6% wächst. Sie beabsichtigen, sich dieser Verpflichtungen durch Zahlung einer einmaligen Abfindung zu entledigen.
Wie hoch müsste diese Abfindung fairerweise ausfallen, wenn der Mitarbeiter sein Kapital zu 5% anlegen kann?

Aufgabe 3.

Klaus Uhr besitzt ein Kapital in Höhe von 20.000 €, das er zu 3% Zins anlegen kann. Er will aus diesem Kapital jährlich nachschüssig eine Rente zahlen, die mit 1.000 € beginnt und jährlich um 10% wächst.
a.   Wie lange kann die Rente gezahlt werden?
b.   Wie groß ist die Abschlusszahlung am Ende der Laufzeit, wenn Sie davon ausgehen, dass auch diese am Jahresende erfolgt?

8. Tilgungsrechnung

8.1 Grundbegriffe der Tilgungsrechnung
8.2 Annuitätenrechnung
8.3 Variationen der standardisierten Annuitätenrechnung
8.4 Aufgaben

8.1. Grundbegriffe der Tilgungsrechnung

Jeder aufgenommene Kredit muss einschließlich der Kreditgebühren und der Kreditzinsen zurückgezahlt werden, er muss mit anderen Worten getilgt werden. Dabei kann der Schuldner am Fälligkeitstag den gesamten bis dahin geschuldeten Betrag in einer Summe zurückzahlen, oder er kann die Rückzahlung in mehreren kleineren Teilzahlungen in regelmäßigen oder unregelmäßigen Zeitabständen vornehmen. In letzterem Fall wird die letzte Zahlung in der Regel ebenfalls am Ende der Kreditlaufzeit vorgenommen. Der für die Wirtschaftspraxis wichtigere Fall ist die Tilgung in mehreren Teilbeträgen, die in konstanten Zeitabständen aufgebracht werden.[43]

Das Tilgungsproblem, bei dem in konstanten Zeitabständen Rückzahlungen vorgenommen werden, ist ein *Sonderproblem* der Rentenrechnung.

Um für den Schuldner während der Kreditlaufzeit alle auf ihn zukommenden finanziellen Belastungen, die in den Rückzahlungsbeträgen enthaltenen Zinsbestandteile, die Dauer der Tilgung usw. übersichtlicher zu machen, stellt man für Tilgungen in der Regel Tilgungspläne auf. Aus diesen lassen sich alle interessierenden Beträge und Daten leicht ablesen.

In jedem Rückzahlungsbetrag sind mehrere Bestandteile feststellbar. Ein Teil des Betrages ist für die eigentliche

---

[43] Siehe hierzu ergänzend Luderer, Würker, S.119ff.

Schuldentilgung vorgesehen und vermindert die bis dahin gültige Restschuldsumme. Man bezeichnet diesen Bestandteil des Rückzahlungsbetrages als die **Tilgungsrate** und mit dem **Symbol "T"**. Neben der Tilgungsrate enthält der Rückzahlungsbetrag noch einen Bestandteil, der die Kreditzinsen abdeckt. Dieser **Zinsbestandteil**, der mit dem **Symbol "Z"** bezeichnet werden soll, bildet mit der Tilgungsrate den Rückzahlungsbetrag, der üblicherweise **Annuität** genannt und mit dem **Symbol "A"** gekennzeichnet wird. Es gilt demnach die Beziehung: **A = T + Z**.

Wird die Tilgung in mehreren Rückzahlungsbeträgen, also in mehreren Annuitäten vorgenommen, sind zwei Arten von Tilgungen zu unterscheiden:

1. In gleichen Zeitabständen wird ein gleich hoher Teilbetrag der eigentlichen Schuldsumme bezahlt, d.h. *die Höhe der Tilgungsrate ist bei jeder Rückzahlung konstant*. Zu der Tilgungsrate hinzugerechnet werden die Kreditzinsen auf die verbleibende Restschuld. Die Restschuld wird aber mit fortschreitender Tilgung immer kleiner, wodurch sich auch die Zinsen auf die Restschuld vermindern. Die gesamte Annuität wird also von Tilgungszeitpunkt zu Tilgungszeitpunkt immer kleiner. Einen Tilgungsvorgang dieser Art, der durch konstante Tilgungsraten charakterisiert wird, bezeichnet man als **Ratentilgung**[44].

2. In gleichen Zeitabständen wird eine Annuität gezahlt, die in ihrer Höhe konstant ist. Tilgungsvorgänge dieser Art bezeichnet man als **Annuitätentilgung**. Auch bei dieser Tilgungsform sind in jeder Annuität eine Tilgungsrate und ein Zinsbestandteil enthalten. Am Anfang der Kreditlaufzeit, wenn die Zinsen durch die hohe Restschuld noch hoch sind,

---

[44] Siehe hierzu auch Peters, 2009, S.105

3. ist der Zinsanteil in der Annuität groß und die Tilgungsrate klein. Dies ergibt sich aus der oben angeführten Bestimmungsgleichung A = T + Z. Mit fortwährender Tilgung nimmt die Restschuld und damit die darauf zu zahlenden Zinsen ab. Dadurch wird von Zahlungszeitpunkt zu Zahlungszeitpunkt der Anteil der Tilgungsrate in der konstanten Annuität immer größer. Daraus folgt, dass mit zunehmender Tilgungsdauer die verbleibende Restschuld mit zunehmender Geschwindigkeit abnimmt.[45]

8.2. Ratentilgungsrechnung

Die Tilgungsrate ist in allen Perioden gleich groß.

Die Amandan Ufer GmbH nimmt einen Kredit über 420.000 € zu 6,5% Zins auf, der über 7 Jahre in gleichbleibenden Raten zu tilgen ist.
Stellen Sie den vollständigen Tilgungsplan auf.

Lösung:

Die jährliche Tilgungsrate beläuft sich auf

$$T = \frac{420.000}{7} = 60.000\,€$$

Der Zinsbetrag des ersten Jahres beträgt

$$Z_1 = 0,065 \cdot 420.000 = 27.300\,€$$

---

[45] Siehe hierzu auch Peters, 2009, S.105

Die Annuität am Ende des ersten Jahres ist die Summe aus beiden Teilleistungen,

also $A_1 = 27.300 + 60.000 = 87.300 \,€$

und für die Restschuld erhält man

$K_1 = 420.000 - 60.000 = 360.000 \,€$

Damit kennt man die Basis für die Ermittlung des Zinsbetrages im Folgejahr und kann die Berechnungsprozedur problemlos fortsetzen. Auf diese Weise erhält man alle in der Tabelle zusammengestellten Zahlen.

Tabelle 8: Tilgungsplan

Jahr	Schuldbetrag des Vorjahres	Zinsbetrag	Tilgungsrate	Annuität
1	420.000,00	27.300,00	60.000,00	87.300,00
2	360.000,00	23.400,00	60.000,00	83.400,00
3	300.000,00	19.500,00	60.000,00	79.500,00
4	240.000,00	15.600,00	60.000,00	75.600,00
5	180.000,00	11.700,00	60.000,00	71.700,00
6	120.000,00	7.800,00	60.000,00	67.800,00
7	60.000,00	3.900,00	60.000,00	63.900,00
8	0,00	$\Sigma = 109.200$	$\Sigma = 420.000$	$\Sigma = 529.200$

8.3. Annuitätentilgungsrechnung

8.3.1. Berechnung der Annuität

Beispiel Annuitätenrechnung (konstante Annuitäten):
Die Bonaventura KG hat Kredit in Höhe von 1.000.000 € zum Zinssatz von 7,5% bei einer Laufzeit von 6 Jahren aufgenommen, der annuitätisch getilgt werden soll.
Welchen Betrag muss die Bonaventura KG jährlich zurückzahlen?
Stellen Sie den Tilgungsplan auf.
Lösung:

$$1.000.000 = \frac{\text{Ann.}}{1,075} + \frac{\text{Ann.}}{1,075^2} + \ldots + \frac{\text{Ann.}}{1,075^6} \quad / \cdot 1,075$$

$$1,075 \cdot 1.000.000 = \text{Ann.} + \frac{\text{Ann.}}{1,075} + \frac{\text{Ann.}}{1,075^2} + \ldots + \frac{\text{Ann.}}{1,075^5}$$

$$75.000 = \text{Ann.} - + \frac{\text{Ann.}}{1,075^6}$$

$$75.000 = \text{Ann.} \left(1 - \frac{1}{1,075^6} \right) \Leftrightarrow \text{Ann.} = 213.044{,}89 €$$

Für den ersten Zinsbetrag ergibt sich

$$Z_1 = i \cdot K_o = 0{,}075 \cdot 1.000.000 = 75.000 €$$

Da die Tilgungsrate die Differenz zwischen Annuität und Zinsbetrag darstellt, berechnet man für diese im ersten Jahr

$$T_1 = 213.044{,}90 - 75.000 = 138.044{,}89 €$$

und die neue Restschuld beläuft sich dann auf

$$K_1 = 1.000.000 - 138.044,90 = 861.955,11€$$

Mit dieser Information kann man den Zinsbetrag des nächsten Jahres ermitteln und die Berechnungen fortsetzen, bis die (Rest)Schuld vollständig getilgt ist. Alle sich dabei im einzelnen ergebenden Beträge sind in der Tabelle zusammengestellt.

Tabelle 9: Tilgungsplan

Jahr	Schuldbetrag des Vorjahres	Zinsbetrag	Tilgungsrate	Annuität
1	1.000.000,00	75.000,00	138.044,89	213.044,89
2	861.955,11	64.646,63	148.398,26	213.044,89
3	713.556,85	53.516,76	159.528,13	213.044,89
4	554.028,72	41.552,15	171.492,74	213.044,89
5	382.535,99	28.690,20	184.354,69	213.044,89
6	198.181,29	14.863,60	198.181,29	213.044,89
7	0,00	Σ 278.269,34	Σ 1.000.000	Σ 1.278.269,34

Ebenso wie im Falle der Ratentilgung kann man auch bei Annuitätentilgung einzelne Beträge des Tilgungsplans ermitteln, ohne jeweils den kompletten Tilgungsplan aufzuschreiben. Zu diesem Zweck wird nun mit der Herleitung von Formeln begonnen, mit deren Hilfe Zinsbetrag, Tilgungsrate und Restschuld eines beliebigen Jahres direkt berechnet werden können. Das wird nebenbei noch zusätzliche Einsichten in die Struktur annuitätischer Tilgungspläne gestatten.

Jährliche Tilgung

- Schuldbetrag nimmt ab

- Zinsbeträge immer niedriger

- bei konstanten Annuitäten immer höhere Tilgungsraten.

Macht man sich diesen Umstand der kontinuierlichen Steigerung der Tilgung (bzw. der kontinuierlichen Abnahme der Zinsen) zunutze, kann folgende Gleichung aufgestellt werden:

$$T_2 = T_1 + i \cdot T_1 = T_1 \cdot (1 + i)$$

Für das dritte Jahr gilt analog:

$$T_3 = T_2 + i \cdot T_2 = T_2 \cdot (1 + i) = T_1 \cdot (1 + i) \cdot (1 + i) = T_1 \cdot (1 + i)^2$$

Folgende allgemeine Gleichung kann nun abgeleitet werden:

$$T_n = T_1 \cdot (1 + i)^{n-1}$$

Überprüfen Sie dies mit dem Tilgungsplan die zweite Tilgungsrate:

$$T_2 = 1{,}075 \cdot 138.044{,}89 = 148.398{,}26 \, €$$

und die sechste Tilgungsrate

$$T_6 = 1{,}075^5 \cdot 138.044{,}89 = 198.181{,}29 \, €$$

8.3.2. Höhe der Restschuld (ohne Tilgungsplan)

Beispiel:
Die Firma W&L hat einen Kredit in Höhe von 1.000.000 € zum Zinssatz von 7,5% bei einer Laufzeit von 6 Jahren aufgenommen, der annuitätisch getilgt werden soll.
Wie hoch ist die Restschuld nach 4 Jahren?

Lösung:
Mithilfe der Eliminationsmethode (Siehe Kapitel 5.2)

Annuität = 213.044,89 € und T_1 = 138.044,89 €

Alternative Lösungswege zur Berechnung der Restschuld (Erstellen Sie selber bei jeder Alternative einen Zeitstrahl!):

1. Vergangenheitsorientiert:

$$R_4 = 1.000.000 - (T_1 + T_2 + T_3 + T_4)$$

2. Zukunftsorientiert:

$$R_4 = T_5 + T_6 = T_1 \cdot 1,075^4 + T_1 \cdot 1075^5 = 382.535,99 \,€$$

3. Zukunftsorientiert:

$$R_4 = \frac{Ann.}{1,075} + \frac{Ann.}{1,075^2} = 213.044,89 \cdot \left(\frac{1}{1,075} + \frac{1}{1,075^2} \right)$$

$$= 382.535,99 €$$

Nota bene:
Die Berechnung der Restschuld ist sehr wichtig, wenn während der Laufzeit eine Änderung der Rückzahlungsbedingungen erfolgt. Zum Beispiel kann bei Hypotheken ein fester Zinssatz oft nur für eine bestimmte Zeit festgeschrieben werden (5 oder 10 Jahre). Danach parallel zur Ermittlung der Restschuld der Zinssatz (und damit die Annuität) neu festgelegt.

Beispiel:
Am 1.Januar 1984 wurde ein mit 7,6% verzinstes Annuitätendarlehen in Höhe von 375.000 € abgeschlossen, mit Tilgung in jährlichen Annuitäten in 9 Jahren, zum ersten Mal zahlbar am 31.Dezember 1984. Am 1.Januar 1987 wurde dieses Darlehen in ein Annuitätendarlehen mit 9,3% jährlicher Verzinsung umgewandelt. Die Laufzeit dieses Darlehens bleibt gleich; die Zahlungen erfolgen weiterhin am 31.Dezember.
Berechnen Sie die zu zahlende jährliche Annuität nach der Zinsänderung.

Lösung:

$$375.000 = \frac{\text{Ann.}}{1,076} + \frac{\text{Ann.}}{1,076^2} + ... + \frac{\text{Ann.}}{1,076^9}$$

$$1,076 \cdot 375.000 = \text{Ann.} + \frac{\text{Ann.}}{1,076} + \frac{\text{Ann.}}{1,076^2} + ... + \frac{\text{Ann.}}{1,076^8}$$

$$28.500 = \text{Ann.} - \frac{\text{Ann.}}{1,076^9}$$

$$28.500 = \text{Ann.}\left(1 - \frac{1}{1,076}\right) \Leftrightarrow \text{Ann.} = 59.035,17€$$

Änderung des Zinsfußes nach 3 Jahren.[46]

---

[46] Die Annuität bitte immer exakt im Taschenrechner speichern.

Wie hoch ist zu diesem Zeitpunkt die Restschuld R_3?

$$R_3 = \frac{59.035,17}{1,076} + \frac{59.035,17}{1,076^2} + ... + \frac{59.035,17}{1,076^6}$$

Mittels der Eliminationsmethode erhält man:

$R_3 = 276.256 \text{ €}$

1.1.1987: Neues Annuitätendarlehen ist zu berechnen![47]

$$276.256 = \frac{\text{Ann.}}{1,093} + \frac{\text{Ann.}}{1,093^2} + ... + \frac{\text{Ann.}}{1,093^6}$$

$$1,093 \cdot 276.256 = \text{Ann.} + \frac{\text{Ann.}}{1,093} + \frac{\text{Ann.}}{1,093^2} + ... + \frac{\text{Ann.}}{1,093^5}$$

$$0,093 \cdot 276.256 = \text{Ann.} - \frac{\text{Ann.}}{1,093^6}$$

$$0,093 \cdot 276.256 = \text{Ann.}\left(1 - \frac{1}{1,093^6}\right) \Leftrightarrow \text{Ann.} = 62.134,80\text{€}$$

Nachfolgende werden nun verschiedene Variationen der standardisierten Annuitätenrechnung dargestellt.

---

[47] Es ist wichtig, sich immer den genauen Zeitpunkt auf den man die Zahlungen aufzinst oder abzinst vor Augen zu führen.

8.3.3. Annuitätentilgung unter Berücksichtigung einer tilgungsfreien Zeit.

Häufig wird, vor allem bei sehr großen Darlehen, die Tilgung am Anfang der Kreditlaufzeit für einige Perioden ausgesetzt. Soll für ein derartiges Problem ein Tilgungsplan aufgestellt werden, muss man sich vergegenwärtigen, dass in den ersten tilgungsfreien Perioden lediglich die Zinsen auf die ursprüngliche Schuld zu zahlen sind. Die Schuld verändert sich also nicht, da noch nicht getilgt wurde.

Beispiel:
Eine Stiftung hat einen Kredit über 5.000.000 € zum Zinssatz von 5,375 % mit einer Laufzeit von 7 Jahren aufgenommen, der innerhalb der letzten 5 Jahre annuitätisch zu tilgen ist.

Alternative 1:

$$Z(1) = Z(2) = 0,05375 \cdot 5.000.000 = 268.750 \text{ €}$$

Lösung:

$$5.000.000 = \frac{268.750}{1,05375} + \frac{268.750}{1,05375^2} + \frac{\text{Ann.}}{1,05375^3} + ... + \frac{\text{Ann.}}{1,05375^7}$$

Alternative 2:

In den ersten 2 Jahren bleibt der Schuldbetrag unverändert.

Lösung:

$$5.000.000 = \frac{\text{Ann.}}{1,05375^1} + ... + \frac{\text{Ann.}}{1,05375^5}$$

Annuität = 1.166.871,51 €

Tilgungsplan bei Annuitätentilgung und tilgungsfreien Zeiten.

Tabelle 10: Tilgungsplan

J	Schuldbetrag des Vorjahres	Zinsbetrag	Tilgungsrate	Annuität
1	5.000.000,00	268.750,00	0,00	268.750,00
2	5.000.000,00	268.750,00	0,00	268.750,00
3	5.000.000,00	268.750,00	898.121,51	1.166.871,51
4	4.101.878,49	220.475,97	946.395,54	1.166.871,51
5	3.155.482,94	169.607,21	997.264,30	1.166.871,51
6	2.158.218,64	116.004,25	1.050.867,26	1.166.871,51
7	1.107.351,38	59520,14	1.107.351,38	1.166.871,51
8	0,00	Σ1.371.857	4.999.999,9	6.371.857,5

8.3.4. Annuitätentilgung: Prozentannuität oder gerundete Annuität

Das besondere Kennzeichen der Annuitätentilgung ist, wie oben erläutert, dass in jeder Tilgungsperiode eine gleich hohe Annuität gezahlt wird. Dabei ergibt sich jedoch, dass diese Jahresannuitäten und unterjährigen Annuitäten in der Regel keine glatten €-Beträge ausmachen. Zur Buchungsvereinfachung ist es jedoch oft wünschenswert, dass die Annuitäten runde €-Beträge ausmachen.

Um diesem Wunsche Rechnung zu tragen, bedient man sich, vor allem bei großen Krediten, der Tilgung mit sogenannten Prozentannuitäten. Bei diesen legt man die in ihrer Höhe konstante Annuität als bestimmten Prozentsatz von der ursprünglichen Gesamtschuld fest.

Bei der Tilgung von Bauspardarlehen ist es z.B. üblich, die Annuität mit 12% der ursprünglichen Darlehnssumme anzusetzen.

In dieser Annuität sind am Anfang üblicherweise 5% Zinsen und 7% Tilgung enthalten. Es wurde allerdings bereits erläutert, dass sich dieses Verhältnis von Zinsen und Tilgung mit fortschreitender Tilgungsdauer grundlegend ändert.

Bei Prozentannuitäten ergibt sich nach einer bestimmten Anzahl von Tilgungsperioden eine Restschuld, die kleiner ist, als ein Annuitätsbetrag. Diese Restschuld wird als sogenannte Abschlusszahlung entweder zum gleichen Zeitpunkt bezahlt, wie die letzte Annuität, oder sie wird baldmöglichst im darauffolgenden Jahr unter Berechnung von Zinsen getilgt.

Die Tilgung mit Prozentannuitäten soll an folgendem Zahlenbeispiel veranschaulicht werden:

Beispiel:

Eine Hypothek in der Höhe von 260.000 € ist jährlich mit 7% zu verzinsen und mit 5% zu tilgen.
Berechnen Sie die:

a.   Prozentannuität

b.   Laufzeit

c.   Restzahlung, ein Jahr nach der letzten Annuitätenzahlung.

Lösung:

a.   Jährlich zu zahlen:

$$(0,07 + 0,05) \cdot 260.000 = 31.200 \, €$$

b.   Laufzeit:

Typisch für Prozentannuitäten ist nun, dass die Tilgungsdauer nicht explizit verabredet wird. Implizit ist sie allerdings sehr wohl Vertragsgegenstand, denn wenn Schuldbetrag, der Zinssatz i und der Tilgungsprozentsatz p gegeben sind und damit auch die Annuität feststeht, so ist die Tilgungsdauer n eindeutig bestimmbar.

$$260.000 = \frac{31.200}{1,07} + \frac{31.200}{1,07^2} + ... + \frac{31.200}{1,07^{n-1}} + \frac{31.200}{1,07^n}$$

$$260.000 \cdot 1,07 = 31.200 + \frac{31.200}{1,07} + \frac{31.200}{1,07^2} + ... + \frac{31.200}{1,07^{n-2}} + \frac{31.200}{1,07^{n-1}}$$

$$260.000 \cdot 0,07 = 31.200 - \frac{31.200}{1,07^n}$$

$$18.200 = 31.200 - \frac{31.200}{1,07^n}$$

$$\frac{31.200}{1,07^n} = 13.000 \Leftrightarrow 1,07^n = 2,4$$

$$\log 1,07^n = \log 2,4 \Leftrightarrow n \cdot \log 1,07 = \log 2,4$$

$$n = 12,939$$

Die letzte Zahlung über 31.200 € erfolgt nach 12 Jahren.

c.   Wie hoch ist die Restzahlung nach 13 Jahren?

$R_0 = 260.000$ €

$$R_0 = 260.000 = \frac{31.200}{1,07} + \frac{31.200}{1,07^2} + ... + \frac{31.200}{1,07^{12}} + \frac{r_{13}}{1,07^{13}}$$

Mittels Eliminationsmethode kann

$$\frac{31.200}{1,07} + \frac{31.200}{1,07^2} + ... + \frac{31.200}{1,07^{12}}$$

aufgelöst und in die Gleichung eingesetzt werden.

$$260.000 = 247.811,79 + \frac{r_{13}}{1,07^{13}} \Leftrightarrow \frac{r_{13}}{1,07^{13}} = 12.188,21$$

$$r_{13} = 29.371,70€$$

Tilgungsplan bei Prozentannuität mit Restzahlung.

Tabelle 11: Tilgungsplan

J	Schuldbe-trag des Vorjahres	Zinsbetrag	Tilgungsrate	Annuität
1	260.000,00	18.200,00	13.000,00	31.200,00
2	247.000,00	17.290,00	13.910,00	31.200,00
3	233.090,00	16.316,30	14.883,70	31.200,00
4	218.206,30	15.274,44	15.925,56	31.200,00
5	202.280,74	14.159,65	17.040,35	31.200,00
6	185.240,39	12.966,83	18.233,17	31.200,00
7	167.007,22	11.690,51	19.509,49	31.200,00
8	147.497,73	10.324,84	20.875,16	31.200,00
9	126.622,57	8.863,58	22.336,42	31.200,00
10	104.286,15	7.300,03	23.899,97	31.200,00
11	80.386,18	5.627,03	25.572,97	31.200,00
12	54.813,21	3.836,92	27.363,08	31.200,00

| 13 | 27.450,13 | 1.921,51 | 27.450,13 | 29.371,64 |
| 14 | 0,00 | Σ 143.771,64 | Σ 260.000,00 | Σ 403.771,64 |

8.3.5. Annuitätentilgung - dynamische Annuitäten.

Annuitätenrechnung ist ein Sonderfall der Rentenrechnung.
Für die dynamische Annuitäten ist der Lösungsweg gleich wie bei den dynamischen Renten, also wie bei alle Renten: Lösen mit der Eliminationsmethode.

$$Ann = \frac{25.913,906}{1,08^{16} - 1} = 11.929,97\,€$$

Das Thema Tilgungsrechung ist nun abgeschlossen.

In der Praxis treten viele Formen von Renten und Annuitäten auf, zum Beispiel Tilgung mit Aufgeld oder annuitätische Tilgung gestückelter Serienanleihen.
In diesem Buch können zu diesem Zeitpunkt nicht alle Formen erläutert werden.
Grundsätzlich kann die Lösung immer mit der Eliminationsmethode erfolgen.

8.4. Aufgaben

Aufgabe 1.
Ein Unternehmen nimmt bei einer Bank Kredit in Höhe von
2.500.000 € zu 7,25% mit einer Laufzeit von 5 Jahren auf.
Stellen Sie die vollständigen Tilgungspläne für den Fall auf,
dass
a.   Ratentilgung
b.   Annuitätentilgung vereinbart wird.

Aufgabe 2.
Jemand schließt ein Darlehen in Höhe von 80.000 € für einen
umfassenden Umbau seiner Wohnung ab. Es wird vereinbart,
dass dieser Betrag in 10 Jahren mit vierteljährlichen Annuitäten
auf Basis von 1,5% Quartalszinsen getilgt wird.
a.   Berechnen Sie die Annuität.
b.   Ermitteln Sie den Tilgungsanteil der zehnten Annuität.
c.   Wie viel beträgt der Schuldrest am Ende des fünften Jahres der Laufzeit nach Zahlung der dann fälligen Annuität?

Aufgabe 3.
Ein Darlehen in Höhe von 420.000 € wird mit 8 jährlichen Annuitäten getilgt. Die Zinsen belaufen sich auf 1,9% Zinseszinsen
pro Quartal.
Berechnen Sie den Schuldrest nach 3 Jahren.

Aufgabe 4.
Eine Bank bietet eine Hypothek über 180.000 € an. Der Zinssatz
soll 5,75%, der Tilgungsprozentsatz 1,75% betragen.
Wie hoch ist die jährliche Belastung, und wie lange muss man
zahlen?

9. Lösungen der Aufgaben

- Kapitel 2 Das Modell der einfachen Zinsrechnung
- Kapitel 3 Das Modell der Zinseszinsrechnung
- Kapitel 4 Investitionsrechnung
- Kapitel 5 Gleichbleibende Renten
- Kapitel 6 Gleichbleibende Renten (2. Teil)
- Kapitel 7 Dynamische Rentenrechnung
- Kapitel 8 Tilgungsrechnung

Kapitel 2 Das Modell der einfachen Zinsrechnung

Übungsaufgaben aus dem Buch Kapitel 2
Nr. 1-6

Kapitel 2 - Nr.1 und 2

1. Wie hoch ist das Endkapital, wenn man 800,- € zu einem Zinssatz von 6% mit einfachen Zinsen 7 Jahre lang anlegt?

$$E_7 = 800 \cdot (1 + 7 \cdot 0,06) = 1.136,-€$$

2. Axel Schweiß legt 900,- € 4 Jahre und 6 Monate zu 7% an. Wie hoch ist sein Endkapital bei einfacher Verzinsung?

$$E_{4\frac{1}{2}} = 900 \cdot (1 + 4\,\frac{1}{2} \cdot 0,07) = 1.183,50€$$

Kapitel 2 - Nr.3 und 4

3. Franzis Kaner möchte in 5 Jahren ein Endkapital in Höhe von 10.000,- € besitzen.
Wieviel Geld muss er heute bei einem Zinssatz von 6.125% anlegen, wenn einfache Zinsen geboten werden?

$$10.000 = K_0 \cdot (1 + 5 \cdot 0,06125) = K_0 = 7.655,50 €$$

4. Ede Vau will ein Kapital von 1.000,- € innerhalb von 9 Jahren und 3 Monaten auf das Doppelte wachsen lassen.
Welchen Zinssatz muss er bei einfachen Zinsen verlangen?

$$2.000 = 1.000 \cdot (1 + 9,25 \cdot i) = i = 0,1081 = 10,81\%$$

Kapitel 2 - Nr.5 und 6

5. Max I. Mumm besitzt heute 10.000,- €. Wenn ihm ein Zinssatz von 6,5% geboten wird, wie lange dauert es dann bei einfachen Zinsen, bis zu dem Tag, an dem sein Kapital auf 15.000,- € angewachsen ist?

$$15.000 = 10.000 \cdot (1 + n \cdot 0,065) = n \approx 7,6923... \text{ Jahre}$$

$$0,6932... \cdot 12 = 8,3076... \text{ also 8 Monate}$$

$$0,3076... \cdot 30 = 9,2307... \text{ also aufgerundet 10 Tage}$$

$$\approx 7 \text{ Jahre 8 Monate und 10 Tage}$$

Kapitel 2 - Nr.6a

6. Al Mosen hat 16.000,- € und möchte in 8 Monaten über 16.500,- € verfügen.

a) Berechnen Sie die Zinsen, die er mindestens vereinbaren muss, als Prozentsatz pro Jahr. Der Ausgangspunkt für die Berechnung sind einfache Zinsen.

$$16.500 = 16.000 \cdot (1 + \frac{8}{12} \cdot i) =$$

$$i = 0,046875$$

$$p = 4,6875\%$$

Kapitel 2 - Nr.6b

6. Al Mosen hat 16.000,- € und möchte in 8 Monaten über 16.500,- € verfügen.

b. Berechnen Sie nach wieviel Tagen der gewünschte Betrag in Höhe von 16.500,- € verfügbar ist.

Al kann sein Geld zu 5,2% jährlich anlegen, wobei innerhalb dieses Zeitraums auf der Grundlage von einfachen Zinsen gerechnet wird.

$$16.500 = 16.000 \cdot (1 + \frac{n}{360} \cdot 0,052) =$$

$$n = 216,34 \approx 217 \, \text{Tage}$$

7 Monate und 7 Tage

Kapitel 3 Das Modell der Zinseszinsrechnung

Übungsaufgaben aus dem Buch Kapitel 3
Nr. 1-9

Kapitel 3 Nr. 1

Dennis legt bei der Geburt seiner Tochter Charlotte einen Betrag von 1.000,- € bei einer Bank zu 6,5% Zinseszinsen an. Die Tochter soll nach Ablauf von 18 Lebensjahren über das Kapital einschließlich der Zinsen verfügen können.
Wie hoch wird dieser Betrag sein?

$$E_{18} = 1.000 \cdot (1+0,065)^{18} = 3.106,65€$$

Kapitel 3 Nr.2

Berechnen Sie auf Zinseszinsbasis die Zinssätze (drei Dezimalstellen), die einem Zinssatz von 0,5% monatlich entsprechen:

a. vierteljährlicher Zinssatz;

$$1,005^3 - 1 = 0,01508 = 1,508\%$$

b. halbjährlicher Zinssatz;

$$1,005^6 - 1 = 0,03038 = 3,038\%$$

c. jährlicher Zinssatz.

$$1,005^{12} - 1 = 0,06168 = 6,168\%$$

Kapitel 3 Nr.3 und 4

Ed Ding erhält aus einer Erbschaft ein Kapital von 10.420,- €, das bei 5% Zinseszinsen 12 Jahre lang angelegt war.
Wie groß war vor 12 Jahren das Anfangskapital K_0?

$$K_{12} = 10.420 = K_0 \cdot 1,05^{12} =$$

$$K_0 = \frac{10.420}{1,05^{12}} = 5.802,24$$

Aus einem Investment soll nach Ablauf von vier Jahren eine Gewinnausschüttung von 5.000,- € getätigt werden.
Wie groß ist der Barwert dieser zukünftigen Ausschüttung heute, wenn mit 8% Zinseszinsen gerechnet wird?

$$K_0 = \frac{5.000}{1,08^4} = 3.675,15$$

Kapitel 3 Nr.5 und 6

Effi Ziens kann 8.000,- € für 20 Jahre anlegen und hat die Wahl zwischen 6,5% Zinseszins oder 10% einfachem Zins. Was ist besser?

$ZZ \Rightarrow 8.000 \cdot 1,065^{20} = 28.189,20 \, €$

$EZ \Rightarrow 8.000 \cdot (1 + 20 \cdot 0,1) = 24.000 \, €$

Grett Britten hat die Möglichkeit, 1.000,- € für ein halbes Jahr anzulegen, wobei Ihr entweder 5% reiner Zinseszins oder 5% einfache Verzinsung geboten werden.

$ZZ \Rightarrow 1.000 \cdot 1,05^{1/2} = 1.024,70 \, €$

$EZ \Rightarrow 1.000 \cdot (1 + \dfrac{1}{2} \cdot 0,05) = 1.025 \, €$

Kapitel 3 Nr.7

Claire Grube möchte am 1.Januar 2000 über 30.000,- € verfügen. Sie möchte dies durch eine einmalige Einzahlung auf ein Konto erreichen, das eine Verzinsung von 5,7% Zinseszins jährlich einbringt.

Wie hoch ist ihre Einzahlung, wenn diese an folgende Tagen vorgenommen wird:

a. 1.Januar 1989 $\quad 30.000 = K_{1.1.89} \cdot 1,057^{11} \Rightarrow 16.304,08 \, €$

b. 1.Januar 1992 $\quad 30.000 = K_{1.1.92} \cdot 1,057^{8} \Rightarrow 19.254,03 \, €$

c. 31.Dezember 1988 $\quad 30.000 = K_{1.1.89} \cdot 1,057^{11} \Rightarrow 16.304,08 \, €$

d. 31.Dezember 1990 $\quad 30.000 = K_{31.12.90} \cdot 1,057^{9} \Rightarrow 18.215,73 \, €$

Kapitel 3 Nr.8

Kain Bockaufenjob vereinbart mit seinem Gläubiger, dass er die
Schuld in Höhe von 18.000,- €, die er am 1.Januar 1990 zahlen
muss, in zwei gleichen Raten abzahlt. Die erste Rate wird er am
1.Januar 1990 abzahlen und die zweite Rate am 1.Januar 1992.
Der Zinssatz beträgt 7% Zinseszins jährlich.
Berechnen Sie die Höhe der beiden Raten.

1990	1991	1992
T		T

$$18.000 = T + \frac{T}{(1,07)^2} = T \cdot (1 + \frac{1}{(1,07)^2})$$

$$= T = \frac{18.000}{(1 + \frac{1}{(1,07)^2})} = 9.608,- €$$

Kapitel 3 Nr.9

Will Nich hat sich für 30 Jahre 25.000,- € unter Berechnung von
Zinseszinsen geliehen. Er war der Meinung, dass die
Zinsbedingung 7,1% Zinseszins jährlich beträgt. Bei der
Abrechnung jedoch stelle sich heraus, dass ihm 3,55% Zinseszins
halbjährlich in Rechnung gestellt wurden.
Berechnen Sie, wieviel Zinsen er mehr als erwartet zahlen muss.

$$\text{Erwartung: } 25.000 \cdot 1,071^{30} = 195.715 €$$

$$\text{Wirklichkeit: } 25.000 \cdot 1,0355^{60} = 202.743,16 €$$

$$\text{Differenz: } 202.743,16 - 195.715 = 7.028,16 €$$

Kapitel 4 Investitionsrechnung

Übungsaufgaben aus dem Buch Kapitel 4
Nr. 1-3

Kapitel 4 Nr.1

Zwei Maschinen stehen für eine Erweiterungsinvestition zur Auswahl.
Maschine I verursacht Anschaffungskosten von 80.000 € hat eine
Nutzungsdauer von 8 Jahren und erwirtschaftet einen
durchschnittlichen Gewinn von 20.000 €.
Maschine II verursacht Anschaffungskosten von 120.000 € hat eine
Nutzungsdauer von 8 Jahren und erwirtschaftet einen
durchschnittlichen Gewinn von 34.000 €.
a) Welche Maschine ist unter Zugrundelegung der genannten Daten
die vorteilhaftere?
b) Inwieweit kann gesagt werden, die Amortisationsvergleichsrechnung berge allgemein die Gefahr, Fehlentscheidungen zu treffen?

Kapitel 4 Nr.1 a und b

a) Maschine 1 : $\dfrac{80.000}{20.000 + 10.000} = 2,67$ Jahre

Maschine 2 : $\dfrac{120.000}{34.000 + 15.000} = 2,45$ Jahre

b) Bei Durchschnittsrechnung erfolgt keine Erfassung zeitlicher Unterschiede.
An Vorlesungsbeispiel denken: Die Einzahlungen werden in späteren Perioden signifikant höher als zu Beginn...

Kapitel 4 Nr.2

		Inv. A	Inv. B
Anschaffungskosten	T€	95	80
Restwert	T€	5	8
Nutzungsdauer	Jahre	9	6
Gewinn 1. Jahr	T€	5	15
Gewinn 2. Jahr	T€	10	15
Gewinn 3. Jahr	T€	15	10
Gewinn 4. Jahr	T€	20	8
Gewinn 5. Jahr	T€	20	8
Gewinn 6. Jahr	T€	5	8
Gewinn 7. Jahr	T€	5	
Gewinn 8. Jahr	T€	5	
Gewinn 9. Jahr	T€	5	

Kapitel 4 Nr.2

1. Ermitteln Sie die Cash-Flows der einzelnen Jahre.
2. Ermitteln Sie die (statische) Amortisationszeiten der alternativen Investitionsobjekte
3. Ermitteln Sie die Kapitalwerte der alternativen Investitionsobjekte. Gehen Sie von einem Kalkulationszins von 10% aus.
4. Ermitteln Sie die (dynamische) Amortisationszeiten der alternativen Investitionsobjekte

Kapitel 4 Nr.2 – 1.
Ermitteln Sie die Cash-Flows der einzelnen Jahre.

Jahre	Gewinne Inv. A	Gewinne Inv. B	Cashflow	Cashflow
1	5	15	10+5 = 15	27
2	10	15	10+10 = 20	27
3	15	10	10+15 = 25	22
4	20	8	10+20 = 30	20
5	20	8	10+20 = 30	20
6	5	8	10+5 = 15	8+12+8=28
7	5		10+5 = 15	
8	5		10+5 = 15	
9	5		10+5+5RW = 20	

Cashflow = Gewinn + kalk. Abschr.
Zuerst die kalk. Abschreibung   Invest A: 95 AK-5RW=90 90/9=10
Berechnen, dann den Cash Flow ! Invest B: 80 AK-8RW=72 72/6=12

Kapitel 4 Nr.2 - 2. Ermitteln Sie die (statische) Amortisationszeiten der alternativen Investitionsobjekte

Jahre	Cashflow	Cashflow	kumulierter Cashflow	kumulierter Cashflow
0	-95	-80	-95	-80
1	15	27	-95 + 15 = -80	-53
2	20	27	-80 + 20 = -60	-26
3	25	22	-60 + 25 = -35	-4
4	30	20	-35 + 30 = -5	16
5	30	20	-5 + 30 = 25	36

Noch zu kompensieren   Cash Flow Jahr 5

Invest A: 5000/30000 = 0,17 Jahre = 4,17 Jahre oder 5 Jahre
Invest B: 4000/20000 = 0,20 Jahre = 3,20 Jahre oder 4 Jahre

Kapitel 4 Nr.2 3.Ermitteln Sie die Kapitalwerte

Invest A :

$$-95+\frac{15}{1,1}+\frac{20}{1,1^2}+\frac{25}{1,1^3}+\frac{30}{1,1^4}+\frac{30}{1,1^5}+$$

$$\frac{15}{1,1^6}+\frac{15}{1,1^7}+\frac{15}{1,1^8}+\frac{20}{1,1^9}=-95+119,71=24,71$$

Invest B :

$$-80+\frac{27}{1,1}+\frac{27}{1,1^2}+\frac{22}{1,1^3}+\frac{20}{1,1^4}+\frac{20}{1,1^5}+\frac{28}{1,1^6}=$$

$$-80+105,27=25,27$$

Kapitel 4 Nr.2 4.dynamische Amortisationszeiten

Invest A :

$$-95 + \frac{15}{1,1} + \frac{20}{1,1^2} + \frac{25}{1,1^3} + \frac{30}{1,1^4} + \frac{30}{1,1^5} \approx -6,93$$

$$\text{also}: 5 - \frac{-6,93}{\frac{15}{1,1^6}} = 5,82 \text{ Jahre}$$

Invest B :

$$-80 + \frac{27}{1,1} + \frac{27}{1,1^2} + \frac{22}{1,1^3} + \frac{20}{1,1^4} = -2,95$$

$$\rightarrow \text{also}: 4J - \frac{-2,95}{\frac{20}{1,1^5}} = 4,24 \text{ Jahre}$$

Kapitel 4 Nr.3

Periode	Investition A in €		Investition B in €	
	Zahlung	Gewinn	Zahlung	Gewinn
-1	-5.000	-	-	
0	-5.000	-	-40.000	-
1	2.000	-500	13.000	3.000
2	2.000	-500	13.000	3.000
3	9.000	6.500	13.000	3.000
4	-1.000	-3.500	7.000	-3.000

Kapitel 4 Nr.3 a

a) Bestimmen Sie die Amortisationszeit für Invest A und B so genau wie möglich!

Invest A:

-5.000 -5.000 +2.000 +2.000 = -6.000 nach 2 Jahren

9.000 Cash Flow im 3. Jahr, somit Überkompensierung

$$2\,\text{Jahre} + \frac{6.000}{9.000} = 2,67\,\text{Jahre Amortisationszeit}$$

Invest B:

- 40.000 + 13.000 + 13.000 + 13.000 = -1000 nach 3 Jahren

7.000 Cash Flow im 4. Jahr, somit Überkompensierung

$$3\,\text{Jahre} + \frac{1.000}{7.000} = 3,14\,\text{Jahre Amortisationszeit}$$

Kapitel 5 Gleichbleibende Rentenrechnung

Übungsaufgaben aus dem Buch Kapitel 5
Nr. 1-4

Kapitel 5 Nr.1

Aufgabe 1.
Anja T. zahlt 16 Jahre lang 500 € auf ein Konto ein, das mit
5,375% p.a. verzinst wird. Wie groß ist der Endwert, wenn
die Rente:
a. vorschüssig,
b. nachschüssig gezahlt wird?

Kapitel 5 Nr.1 a + b

a) $EW_{16} = 500 \cdot 1,05375^{16} + 500 \cdot 1,05375^{15} + \ldots + 500 \cdot 1,05375^{1}$

oder mittels Eliminationsmethode :

$$EW_{16} = \frac{500 \cdot (1,05375)^{17} - 500 \cdot (1,05375)}{0,05375} = 12.850,93€$$

b) Ein Jahr weniger Verzinsung, da nachschüss ig gezahlt wird.

$$\Rightarrow 12.850,93 \cdot \frac{1}{1,05375} = 12.195,42€$$

oder

$$EW = 500 \cdot 1,05375^{15} + 500 \cdot 1,05375^{14} + \ldots + 500 \cdot 1,05375^{1} + 500$$

Kapitel 5 Nr.2

Aufgabe 2.
**Alexandra B. besitzt 20.000 €, die mit 4,125% p.a. verzinst
werden. Wie hoch ist die Rente, die man 10 Jahre lang aus
diesem Kapital:**
a.　vorschüssig,
b.　nachschüssig zahlen kann?

Kapitel 5 Nr.2 a vorschüssig

$$20.000 = R + \frac{R}{1,04125} + \frac{R}{1,04125^2} + ... + \frac{R}{1,04125^8} + \boxed{\frac{R}{1,04125^9}} \quad / \cdot 1,0412$$

$$20.000 \cdot 1,04125 = \boxed{R \cdot 1,04125} + R + \frac{R}{1,04125} + \frac{R}{1,04125^2} + ... + \frac{R}{1,04125^8}$$

$$20.000 \cdot (1,04125 - 1) = R \cdot 1,04125 - \frac{R}{1,04125^9} \qquad \text{Zeile 2-Zeile 1}$$

$$R = \frac{20.000 \cdot 0,04125}{(1,04125 - \dfrac{1}{1,04125^9})} \approx 2.382,89€$$

Kapitel 5 Nr.2 b nachschüssig

b) $20.000 = \dfrac{R}{1,04125} + \dfrac{R}{1,04125^2} + \ldots + \boxed{\dfrac{R}{1,04125^{10}}} \quad / \cdot 1,04125$

$20.000 \cdot 1,04125 = \boxed{R} + \dfrac{R}{1,04125} + \dfrac{R}{1,04125^2} + \ldots + \dfrac{R}{1,04125^9}$ Zeile 2-Zeile 1

$20.000 \cdot (1,04125 - 1) = R - \dfrac{R}{1,04125^{10}}$

$20.000 \cdot 0,04125 = R \cdot (1 - \dfrac{1}{1,04125^{10}})$

$R = 2481,19€$

Kapitel 5 Nr.3

Aufgabe 3.
Ralf T. möchte mit Wirkung vom 31.März 1990 bis zum
31.Dezember 1996 am Ende jedes Quartals 1.800 € von
einem Sparkonto abheben, das mit 1,8% Zinseszins
vierteljährlich verzinst ist.
Berechnen Sie, über welchen Betrag er zum 1.Januar 1990
auf dem Sparkonto verfügen muss, um den genannten
Betrag abheben zu können.

Kapitel 5 Nr.3

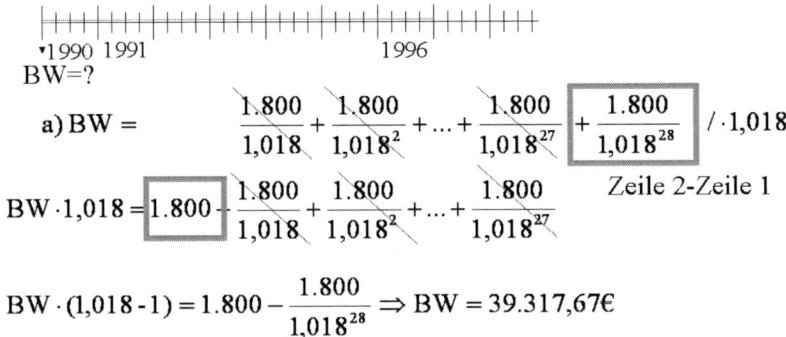

$$BW=?$$

$$a)\; BW = \frac{1.800}{1,018} + \frac{1.800}{1,018^2} + ... + \frac{1.800}{1,018^{27}} + \boxed{\frac{1.800}{1,018^{28}}} \quad / \cdot 1,018$$

$$BW \cdot 1,018 = \boxed{1.800} + \frac{1.800}{1,018} + \frac{1.800}{1,018^2} + ... + \frac{1.800}{1,018^{27}} \qquad \text{Zeile 2-Zeile 1}$$

$$BW \cdot (1,018 - 1) = 1.800 - \frac{1.800}{1,018^{28}} \;\Rightarrow\; BW = 39.317,67€$$

Kapitel 5 Nr.4

Aufgabe 4.
Wanda Düne steht hinsichtlich einer Schuldbegleichung mit einem Schuldner vor folgender Entscheidung:
a.   **eine Zahlung in Jahresraten in Höhe von 1.500 € jeweils am 1.Oktober in den Jahren 1994 bis 2003;**
b.   **die Zahlung eines Betrags in Höhe von 8.500 € am 1.Oktober 1990.**
Der von ihm angerechnete Zinsfuß beträgt 7% Zinseszins jährlich.
Berechnen und begründen Sie seine Entscheidung.

Kapitel 5 Nr.4

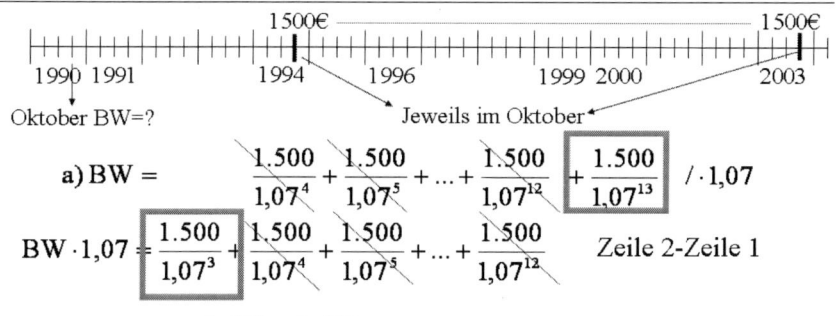

a) $BW = \dfrac{1.500}{1{,}07^4} + \dfrac{1.500}{1{,}07^5} + ... + \dfrac{1.500}{1{,}07^{12}} + \boxed{\dfrac{1.500}{1{,}07^{13}}} \quad / \cdot 1{,}07$

$BW \cdot 1{,}07 = \boxed{\dfrac{1.500}{1{,}07^3}} + \dfrac{1.500}{1{,}07^4} + \dfrac{1.500}{1{,}07^5} + ... + \dfrac{1.500}{1{,}07^{12}} \quad$ Zeile 2-Zeile 1

$BW \cdot (1{,}07 - 1) = \dfrac{1.500}{1{,}07^3} - \dfrac{1.500}{1{,}07^{13}} \Rightarrow BW = 8.600{,}-€$

b) $8.500{,}-€ \Rightarrow$ Ich wähle die Raten, da diese zum Zeitpunkt T = 0 einen um 100€ höheren Wert haben. (Ich bekomme das Geld, wäre ich der Schuldner, dann umgekehrt...

Kapitel 6 Gleichbleibende Renten (2.Teil)

Übungsaufgaben aus dem Buch Kapitel 6
Nr. 1-4

Kapitel 6 Übungsaufgaben

Aufgabe 1
Von postnumerando zahlbaren Zinsen mit gleichbleibenden Raten in Höhe von
975 € wird die erste Rate 1991 fällig, die zweite 1993, die dritte 1995 bis
einschließlich 2013.
Berechnen Sie den Barwert der Zinsen zum 1.Januar 1987 ausgehend von 5,1%
Zinseszinsen jährlich.

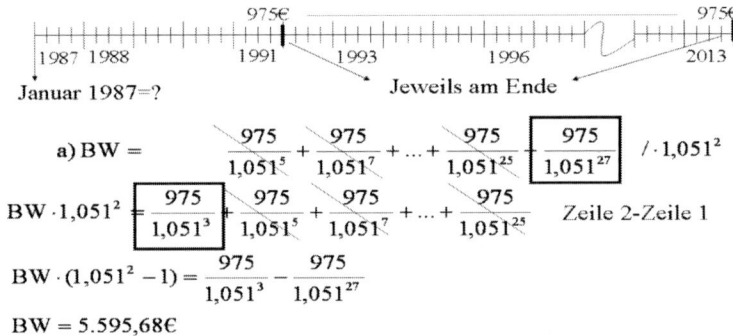

a) $BW = \dfrac{975}{1,051^5} + \dfrac{975}{1,051^7} + ... + \dfrac{975}{1,051^{25}} + \dfrac{975}{1,051^{27}}$ /$\cdot 1,051^2$

$BW \cdot 1,051^2 = \dfrac{975}{1,051^3} + \dfrac{975}{1,051^5} + \dfrac{975}{1,051^7} + ... + \dfrac{975}{1,051^{25}}$ Zeile 2-Zeile 1

$BW \cdot (1,051^2 - 1) = \dfrac{975}{1,051^3} - \dfrac{975}{1,051^{27}}$

$BW = 5.595,68 €$

Kapitel 6 Nr.2

Aufgabe 2.
Ein Darlehensnehmer schlägt seinem Darlehensgeber bezüglich der
Darlehenstilgung folgende Alternativen vor:
1. Eine Zahlung in halbjährlichen Raten von 25.000 €, und zwar jeweils am 1.Mai
und am 1.November in den Jahren 1991 bis 1998.
2. Eine Zahlung von einem einzelnen Betrag in Höhe von
240.000 € am 1.Mai 1987.
Der Darlehensgeber wendet einen Zinsfuß von 8,7% Zinseszinsen jährlich an.
Welche Alternative würde der Darlehensgeber wählen?

Kapitel 6 Nr.2

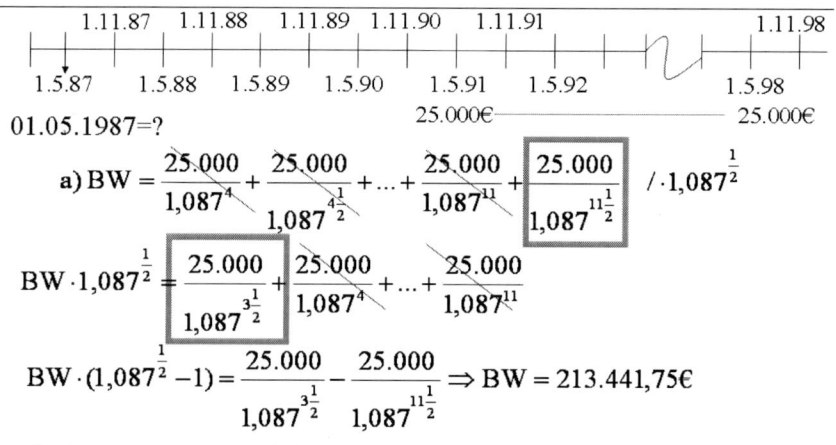

01.05.1987=?

a) $BW = \dfrac{25.000}{1,087^4} + \dfrac{25.000}{1,087^{4\frac{1}{2}}} + ... + \dfrac{25.000}{1,087^{11}} + \boxed{\dfrac{25.000}{1,087^{11\frac{1}{2}}}} \quad / \cdot 1,087^{\frac{1}{2}}$

$BW \cdot 1,087^{\frac{1}{2}} = \boxed{\dfrac{25.000}{1,087^{3\frac{1}{2}}}} + \dfrac{25.000}{1,087^4} + ... + \dfrac{25.000}{1,087^{11}}$

$BW \cdot (1,087^{\frac{1}{2}} - 1) = \dfrac{25.000}{1,087^{3\frac{1}{2}}} - \dfrac{25.000}{1,087^{11\frac{1}{2}}} \Rightarrow BW = 213.441,75€$

b) 240.000,–€ ⇒ Darlehensgeber wählt Alt.2

Alles in einem Schritt: BW zum 01.05.1987

Zahlungsreihe

$C_{05.1987} = \dfrac{25.000}{1,087^4} + \dfrac{25.000}{1,087^{4,5}} + ... + \dfrac{25.000}{1,087^{11,5}} \qquad |\cdot 1,087^{0,5}$

$C \cdot 1,087^{0,5} = \dfrac{25.000}{1,087^{3,5}} + \dfrac{25.000}{1,087^4} + ... + \dfrac{25.000}{1,087^{11}} \qquad |2-1$

$C \cdot (1,087^{0,5} - 1) = \dfrac{25.000}{1,087^{3,5}} - \dfrac{25.000}{1,087^{11,5}} \qquad C = 213.441,75$

a) 213.441,75 < b) 240.000

Lieber mit Zwischenschritt?

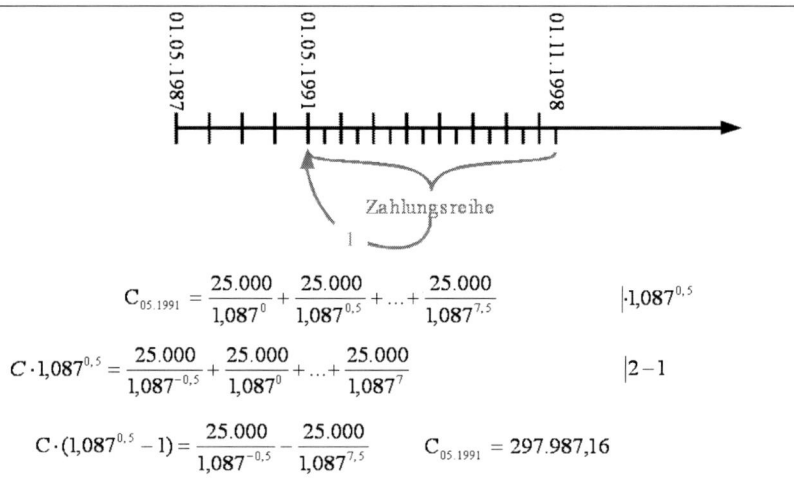

$$C_{05.1991} = \frac{25.000}{1,087^0} + \frac{25.000}{1,087^{0,5}} + \ldots + \frac{25.000}{1,087^{7,5}} \qquad |\cdot 1,087^{0,5}$$

$$C \cdot 1,087^{0,5} = \frac{25.000}{1,087^{-0,5}} + \frac{25.000}{1,087^0} + \ldots + \frac{25.000}{1,087^7} \qquad |2-1$$

$$C \cdot (1,087^{0,5} - 1) = \frac{25.000}{1,087^{-0,5}} - \frac{25.000}{1,087^{7,5}} \qquad C_{05.1991} = 297.987,16$$

Lieber mit Zwischenschritt?

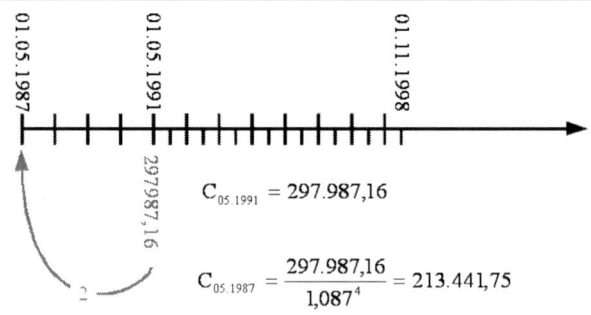

$$C_{05.1991} = 297.987,16$$

$$C_{05.1987} = \frac{297.987,16}{1,087^4} = 213.441,75$$

a) $213.441,75 <$ b) 240.000

Für die Zukunftsorientierten:

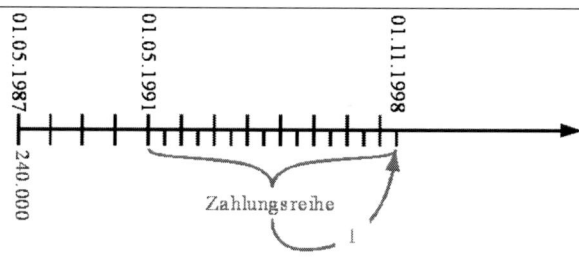

$$E_{11.1998} = 25000 \cdot 1,087^{7,5} + 25.000 \cdot 1,087^{7} + \ldots + 25.000 \cdot 1,087^{0} \quad |\cdot 1,087^{0,5}$$

$$E \cdot 1,087^{0,5} = 25.000 \cdot 1,087^{8} + 25.000 \cdot 1,087^{7,5} + \ldots + 25.000 \cdot 1,087^{0,5} \quad |2-1$$

$$E \cdot (1,087^{0,5} - 1) = 25.000 \cdot 1,087^{8} - 25.000 \cdot 1,087^{0}$$

$$E_{11.1998} = 557.082,01$$

Für die Zukunftsorientierten:

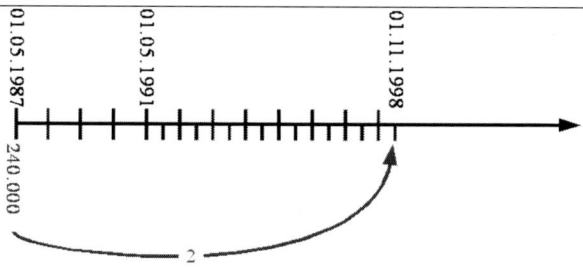

$$E_{11.1998} = 240.000 \cdot 1,087^{11,5} = 626.398,92$$

$$a)\, 557082,01 < b)\, 626398,92$$

Für die Unentschlossenen:

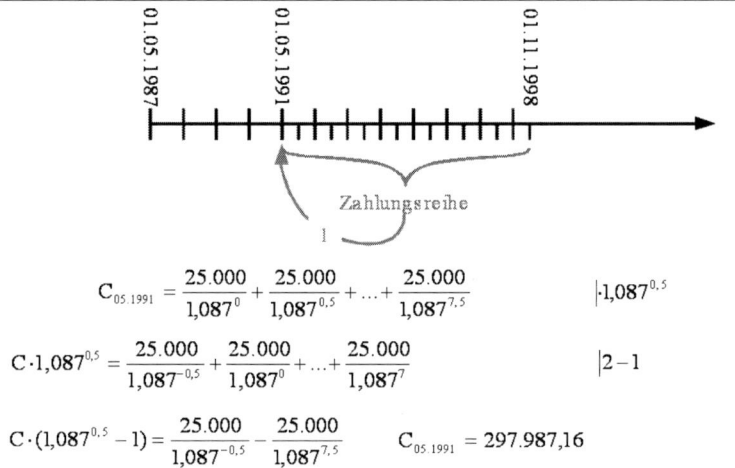

$$C_{05.1991} = \frac{25.000}{1,087^{0}} + \frac{25.000}{1,087^{0,5}} + ... + \frac{25.000}{1,087^{7,5}} \qquad |\cdot 1,087^{0,5}$$

$$C \cdot 1,087^{0,5} = \frac{25.000}{1,087^{-0,5}} + \frac{25.000}{1,087^{0}} + ... + \frac{25.000}{1,087^{7}} \qquad |2-1$$

$$C \cdot (1,087^{0,5} - 1) = \frac{25.000}{1,087^{-0,5}} - \frac{25.000}{1,087^{7,5}} \qquad C_{05.1991} = 297.987,16$$

Für die Unentschlossenen:

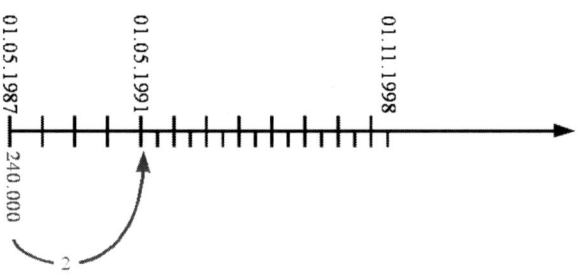

$$E_{05.1991} = 240000 \cdot 1,087^{4} = 335065,27$$

$$a)\ 297987,16 < b)\ 335065,27$$

Also: Bei einem kalkulatorischen Zinssatz von 8,7% gilt

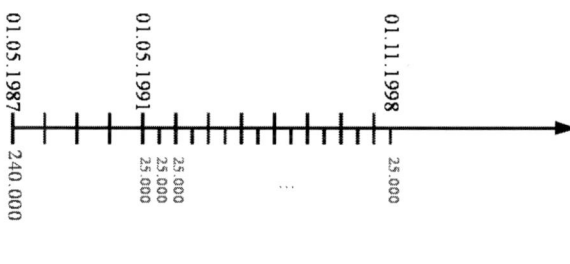

$$a) < b)$$

Kapitel 6 Nr.3

Aufgabe 3.

a) Berechnen Sie auf der Grundlage eines Zinssatzes von 4,6% Zinseszins jährlich den Barwert einer sofortigen, ewigen, nachschüssigen Rente mit jährlichen Teilbeträgen in Höhe von 4.500 €.

b) Wie unter a. jedoch für eine vorschüssige Rente.

Kapitel 6 Nr.3

a) $BW = \dfrac{4500}{1,046^1} + \dfrac{4500}{1,046^2} + ... + \dfrac{4500}{1,046^\infty} \quad / \cdot 1,046$

Zeile 2-Zeile 1

$BW \cdot 1,046 = 4500 + \dfrac{4500}{1,046^1} + \dfrac{4500}{1,046^2} + ... + \dfrac{4500}{1,046^{\infty-1}}$

$BW \cdot 0,046 = 4500 - \dfrac{4500}{1,046^\infty} \Rightarrow \dfrac{4500}{0,046} \Rightarrow 97.826,09€$

$= 0$

b) $BW = 97.826,09 \cdot 1,046 = 102.326,09€$

4500,-€ mehr als bei Aufgabe a)

Kapitel 6 Nr.4

Aufgabe 4.
Eine ewige, nachschüssige Rente mit Jahresteilbeträgen in Höhe von 4.500 €
wird in eine sofortige, vorschüssige Rente mit zwanzig Jahresteilbeträgen zu
einem Zinssatz von 7,5% jährlich umgewandelt. Berechnen Sie die Höhe der
Teilbeträge dieser Zeitrente.

Kapitel 6 Nr.4

a) $BW = \dfrac{4.500}{0,075} = 60.000$

b) $60.000 = R + \dfrac{R}{1,075} + ... + \dfrac{R}{1,075^{18}} + \dfrac{R}{1,075^{19}} \quad / \cdot 1,075$

$60.000 \cdot 1,075 = R \cdot 1,075 + R + \dfrac{R}{1,075} + ... + \dfrac{R}{1,075^{18}}$

$60.000 \cdot 0,075 = R \cdot (1,075 - \dfrac{1}{1,075^{19}})$

$\dfrac{4.500}{(1,075 - \dfrac{1}{1,075^{19}})} = R \approx 5.474,91 €$

Kapitel 7 Nr.1

Aufgabe 1.
Ein Elternpaar ist bereit, zu Gunsten seines soeben geborenen Kindes regelmäßig Sparleistungen zu erbringen. Es ist vorgesehen, am Ende eines jeden Jahres, Einzahlungen vorzunehmen. Diese sollen mit 1.000 € beginnen und von Jahr zu Jahr um 150 € gesteigert werden. Einlagen werden mit 4,5% verzinst.
Wie hoch ist das Kapital am 18.Geburtstag des Kindes?

Kapitel 7 Nr.1

Jeweils am Ende des Jahre

$$C_{18} = 1.000 \cdot (1,045)^{17} + 1.150 \cdot (1,045)^{16} + \ldots + 3.550$$

$$= C \cdot 1,045 = 1.000 \cdot (1,045)^{18} + 1.150 \cdot (1,045)^{17} + \ldots + 3.550 \cdot 1,045$$

$$= C \cdot 0,045 = 1.000 \cdot (1,045)^{18} + 150 \cdot \left(1,045^{17} + 1,045^{16} + \ldots + 1,045\right) - 3.550$$

Zwischenelimination der Klammer

$$C = 150 \cdot 1,045^{17} + 150 \cdot 1,045^{16} + \ldots + 150 \cdot 1,045 \quad /\cdot 1,045$$

$$1,045 \cdot C = 150 \cdot 1,045^{18} + 150 \cdot 1,045^{17} + \ldots + 150 \cdot 1,045^{2}$$

$$0,045 \cdot C = 150 \cdot 1,045^{18} - 150 \cdot 1,045 \Rightarrow C = 3.878,26$$

$$\Rightarrow C \cdot 0,045 = 1.000 \cdot (1,045)^{18} + 3.878,26 - 3.550 \Rightarrow C = 56.372,03$$

Kapitel 7 Nr.2

Aufgabe 2.

Sie sind verpflichtet, an einen der Mitarbeiter 10 Jahre lang (nachschüssig)
eine Rente zu zahlen, die im ersten Jahr 7.000 € beträgt und danach jährlich
um 6% wächst. Sie beabsichtigen, sich dieser Verpflichtungen durch Zahlung
einer einmaligen Abfindung zu entledigen.
Wie hoch müsste diese Abfindung fairerweise ausfallen, wenn der Mitarbeiter
sein Kapital zu 5% anlegen kann?

Kapitel 7 Nr.2

$$C = \frac{7000}{1,05} + \frac{7000 \cdot 1,06}{1,05^2} + \ldots + \boxed{\frac{7.000 \cdot 1,06^9}{1,05^{10}}} \quad / \cdot \frac{1,05}{1,06}$$

$$= C \cdot \frac{1,05}{1,06} = \boxed{\frac{7.000}{1,06}} + \frac{7.000}{1,05} + \frac{7.000 \cdot 1,06}{1,05^2} + \ldots + \frac{7.000 \cdot 1,06^8}{1,05^9}$$

$$= C \cdot \left(\frac{1,05}{1,06} - 1\right) = \frac{7.000}{1,06} - \frac{7.000 \cdot 1,06^9}{1,05^{10}}$$

$$= C = 69.597,56$$

Kapitel 7 Nr.3

Aufgabe 3.

Klaus Uhr besitzt ein Kapital in Höhe von 20.000 €, das er zu 3% Zins anlegen kann. Er will aus diesem Kapital jährlich nachschüssig eine Rente zahlen, die mit 1.000 € beginnt und jährlich um 10% wächst.

a. Wie lange kann die Rente gezahlt werden?

b. Wie groß ist die Abschlusszahlung am Ende der Laufzeit, wenn Sie davon ausgehen, dass auch diese am Jahresende erfolgt?

Kapitel 7 Nr.3

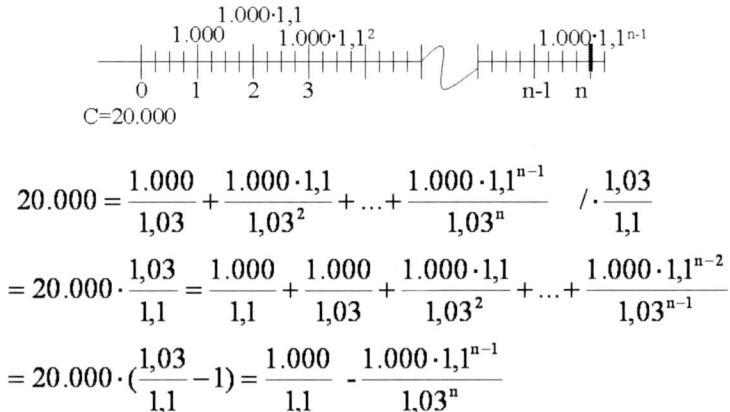

$$20.000 = \frac{1.000}{1,03} + \frac{1.000 \cdot 1,1}{1,03^2} + ... + \frac{1.000 \cdot 1,1^{n-1}}{1,03^n} \quad / \cdot \frac{1,03}{1,1}$$

$$= 20.000 \cdot \frac{1,03}{1,1} = \frac{1.000}{1,1} + \frac{1.000}{1,03} + \frac{1.000 \cdot 1,1}{1,03^2} + ... + \frac{1.000 \cdot 1,1^{n-2}}{1,03^{n-1}}$$

$$= 20.000 \cdot (\frac{1,03}{1,1} - 1) = \frac{1.000}{1,1} - \frac{1.000 \cdot 1,1^{n-1}}{1,03^n}$$

Kapitel 7 Nr.3

$$= 20.000 \cdot (\frac{-0,07}{1,1}) = \frac{1.000}{1,1} - 1.000 \cdot \frac{1}{1,1} \cdot \left(\frac{1,1}{1,03}\right)^n$$

$$1.000 \cdot \frac{1}{1,1} \cdot \left(\frac{1,1}{1,03}\right)^n = \frac{1.000}{1,1} - 20.000 \cdot (\frac{-0,07}{1,1})$$

$$1.000 \cdot \frac{1}{1,1} \cdot \left(\frac{1,1}{1,03}\right)^n = 2.181,8182$$

$$\left(\frac{1,1}{1,03}\right)^n = \frac{2.181,8182}{1.000} \cdot 1,1$$

$$n \cdot \log \frac{1,1}{1,03} = \log 2,4 \Rightarrow n = 13,315 \, \text{Jahre}$$

Kapitel 7 Nr.3b

$$NR = x = \frac{1.000}{1,1} - \frac{1.000 \cdot 1,1^{12}}{1,03^{13}} : (\frac{1,03}{1,1} - 1) = 19.297,55$$

$$20.000 = \frac{1.000}{1,03} + \frac{1.000 \cdot 1,1}{1,03^{2}} + ... + \frac{1.000 \cdot 1,1^{12}}{1,03^{13}} + \frac{r_{14}}{1,03^{14}}$$

$$20.000 = 19.297,55 + \frac{r_{14}}{1,03^{14}}$$

$$= 702,44 \cdot (1,03)^{14} = 1.062,51$$

Kapitel 8 Tilgungsrechnung

Übungsaufgaben aus dem Buch Kapitel 8
Nr. 1-4

Kapitel 8 Übungsaufgaben Buch

Aufgabe 1.

Ein Unternehmen nimmt bei einer Bank Kredit in Höhe
von 2.500.000 € zu 7,25% mit einer Laufzeit von 5 Jahren auf.
Stellen Sie die vollständigen Tilgungspläne für den Fall
auf, dass
a. Ratentilgung
b. Annuitätentilgung vereinbart wird.

Lösung 1a

Jahr	Schuldbetrag des Vorjahres	Zinsbetrag	Tilgungsrate	Annuität
1	2.500.000	181.250	500.000	681.250
2	2.000.000	145.000	500.000	645.000
3	1.500.000	108.750	500.000	608.750
4	1.000.000	72.500	500.000	572.500
5	500.000	36.250	500.000	536.250

Lösung 1b

$$2.500.000 \quad = \frac{Ann.}{1,0725^1} + \frac{Ann.}{1,0725^2} + \dots \frac{Ann.}{1,0725^4} - \boxed{\frac{Ann.}{1,0725^5}}$$

$$2.500.000 \cdot 1,0725 = \boxed{Ann.} + \frac{Ann.}{1,0725^1} + \frac{Ann.}{1,0725^2} \dots + \frac{Ann.}{1,0725^4}$$

$$2.500.000 \cdot 0,0725 = Ann. - \frac{Ann.}{1,0725^5} = Ann. \cdot \left(1 - \frac{1}{1,0725^5}\right)$$

$$Ann. = \frac{181.250}{\left(1 - \frac{1}{1,0725^5}\right)} = 613.813,71 €$$

Lösung 1b

Jahr	Schuldbetrag des Vorjahres	Zinsbetrag	Tilgungsrate	Annuität
1	2.500.000,00	181.250,00	432.563,71	613.813,71
2	2.067.436,29	149.889,13	463.924,57	613.813,71
3	1.603.511,72	116.254,60	497.559,11	613.813,71
4	1.105.952,61	80.181,56	533.632,14	613.813,71
5	572.320,47	41.493,23	572.320,47	613.813,71

Kapitel 8 Übungsaufgaben Buch

Aufgabe 2.

Jemand schließt ein Darlehen in Höhe von 80.000 € für einen umfassenden Umbau seiner Wohnung ab. Es wird vereinbart, dass dieser Betrag in 10 Jahren mit vierteljährlichen Annuitäten auf Basis von 1,5% Quartalszinsen getilgt wird.

a. Berechnen Sie die Annuität.
b. Ermitteln Sie den Tilgungsanteil der zehnten Annuität.
c. Wie viel beträgt der Schuldrest am Ende des fünften Jahres der Laufzeit nach Zahlung der dann fälligen Annuität?

Lösung Nr.2 a

$$a)\,80.000 = \frac{Ann.}{1,015} + \frac{Ann.}{1,015^2} + ... + \frac{Ann.}{1,015^{39}} + \boxed{\frac{Ann.}{1,015^{40}}}$$

$$/\cdot 1,015$$

$$80.000 \cdot 1,015 = \boxed{Ann.} + \frac{Ann.}{1,015} + \frac{Ann.}{1,015^2} ... + \frac{Ann.}{1,015^{39}}$$

$$80.000 \cdot (1,015-1) = Ann. - \frac{Ann.}{1,015^{40}} = Ann. \cdot \left(1 - \frac{1}{1,015^{40}}\right)$$

$$Ann. = \left(\frac{1.200}{\left(1 - \frac{1}{1,015^{40}}\right)}\right) = 2.674,17€$$

Lösung Nr.2 b

b) $A - Z = T$

$Z_1 = 80.000 \cdot 0,015 = 1.200,- €$

$T_1 = A - Z_1$

$T_1 = 2.674,17 - 1.200 = 1.474,17 €$

$T_n = T_1 \cdot (1 + i)^{n-1}$

$T_{10} = T_1 \cdot 1,015^9 = 1.474,17 \cdot 1,015^9 = 1.685,55 €$

Lösung Nr.2 c

c) Ann. $= 2.674,17 €$ siehe a)

21. ursprüngliche 22. ursprüngliche
   Annuität   Annuität

$$R_{20} = \frac{2.674,17}{1,015} + \frac{2.674,17}{1,015^2} + ... + \frac{2.674,17}{1,015^{19}} + \boxed{\frac{2.674,17}{1,015^{20}}}$$

$$1,015 \cdot R_{20} = \boxed{2.674,17.} + \frac{2.674,17}{1,015^1} + ... + \frac{2.674,17}{1,015^{19}} \quad \boxed{\cdot 1,015}$$

$$(1,015 - 1) \cdot R_{20} = 2.674,17 - \frac{2.674,17}{1,015^{20}}$$

$$45.911,86 \; € = R_{20}$$

Lösung Nr.2 c

oder

$$T_{21} = T_1 \cdot 1,015^{20} = 1.474,17 \cdot 1,015^{20} \approx 1.985,49$$
$$Z_{21} = \text{Ann.} - T_{21} = 2.674,17 - 1.985,49 = 688,68$$
$$\text{Schuld} = \frac{Z_{21}}{0,015} \approx 45.912,- €$$

Kapitel 8 Übungsaufgaben Buch

Aufgabe 3.
Ein Darlehen in Höhe von 420.000 € wird mit 8 jährlichen
Annuitäten getilgt.
Die Zinsen belaufen sich auf 1,9% Zinseszinsen pro Quartal.
Berechnen Sie den Schuldrest nach 3 Jahren.

Ann. Ann. Ann. Ann. Ann. Ann. Ann. Ann.

Jahr1   Jahr3   Jahr6   Jahr8
              R_3=???

Lösung Nr.3

$$420.000 = \frac{Ann.}{1,019^4} + \frac{Ann.}{1,019^8} + ... + \frac{Ann.}{1,019^{28}} + \boxed{\frac{Ann.}{1,019^{32}}}$$

$$1,019^4 \cdot 420.000 = \boxed{Ann. +}\frac{Ann.}{1,019^4} + \frac{Ann.}{1,019^8} + ... + \frac{Ann.}{1,019^{28}} \quad \boxed{/\cdot 1,019^4}$$

$$(1,019^4 - 1) \cdot 420.000 = Ann. - \frac{Ann.}{1,019^{32}} = Ann. \cdot \left(1 - \frac{1}{1,019^{32}}\right)$$

$$\frac{(1,019^4 - 1) \cdot 420.000}{\left(1 - \frac{1}{1,019^{32}}\right)} = Ann. = 72.585,95 \text{€}$$

Lösung Nr.3

$$R_3 = \frac{72.585,95}{1,019^4} + ... + \frac{72.585,95}{1,019^{16}} + \boxed{\frac{72.585,95}{1,019^{20}}}$$

$$1,019^4 \cdot R_3 = \boxed{72.585,95} + \frac{72.585,95}{1,019^4} + ... + \frac{72.585,95}{1,019^{16}} \quad \boxed{\cdot 1,019^4}$$

$$(1,019^4 - 1) \cdot R_3 = 72.585,95 - \frac{72.585,95}{1,019^{20}}$$

$$R_3 = \frac{72.585,95 - \frac{72.585,95}{1,019^{20}}}{(1,019^4 - 1)} = 291.199,74 \text{€}$$

Kapitel 8 Übungsaufgaben Buch

Aufgabe 4.
Eine Bank bietet eine Hypothek über 180.000 € an. Der Zinssatz
soll 5,75% der Tilgungsprozentsatz 1,75% betragen.
Wie hoch ist die jährliche Belastung, und wie lange muss man
zahlen?

Nr.4 Lösung

jährlich zu zahlen : $(0,0575 + 0,0175) \cdot 180.000 = 13.500$

$$180.000 = \frac{13.500}{1,0575} + \frac{13.500}{1,0575^2} + ... + \frac{13.500}{1,0575^{n-1}} \boxed{+ \frac{13.500}{1,0575^{n}}}$$

$$1,0575 \cdot 180.000 = \boxed{13.500} + \frac{13.500}{1,0575} + ... + \frac{13.500}{1,0575^{n-1}} \quad \boxed{\cdot 1,0575}$$

$$0,0575 \cdot 180.000 = 13.500 - \frac{13.500}{1,0575^{n}} \quad / -13.500$$

$$-3150 = -\frac{13.500}{1,0575^{n}} \Leftrightarrow 1,0575^{n} = \frac{13.500}{3150}$$

$$n \cdot \log 1,0575 = \log \frac{13.500}{3150} \Rightarrow n = 26,03$$

letzte Zahlung von 13.500 nach 26 Jahren - Restzahlung nach 27J.

10. Literaturverzeichnis

BOSCH, K., 1992. Mathematik für Wirtschaftswissenschaftler, 8. Auflage, R. Oldenbourg Verlag, München Wien, 1992

DÄUMLER, K.D., 2002. Betriebliche Finanzwirtschaft, 8. Auflage, NWB, Berlin, 2002

DAHLHAUS, C., 2009. Investitionscontrolling im dezentralen Unternehmen, Gabler Edition Wissenschaft, GWV Fachverlage, Wiesbaden, 2009

GÖTZE, U., 2008. Investitionsrechnung, 6. Auflage, Springer Verlag, Berlin, Heidelberg, 2008

HOLLAND, H., 2010. Gabler Wirtschaftslexikon, Stichwort Finanzmathematik, Gabler Verlag, veröffentlicht im Internet unter: http://wirtschaftslexikon.gabler.de/Archiv/2445/finanz mathematik-v6.html, 2010

JUNG, H., 2008. Personalwirtschaft, 8. Auflage, R. Oldenbourg Verlag, München Wien, 2008

KRUSCHWITZ, L., 1998. Investitionsrechnung, 7. Auflage, Oldenbourg Verlag, München Wien, 1998

KRUSCHWITZ, L., 2010. Finanzmathematik, 5. Auflage, Oldenbourg Verlag, München , 1998

LUDERER, B., WÜRKER, U., 2009. Einstieg in die Wirtschaftsmathematik, 7. Auflage, GWV Fachverlage GmbH, Wiesbaden, 2010

PETERS, H., 2009. Wirtschaftsmathematik, 3. Auflage, Kohlhammer GmbH, Stuttgart, 2009

TIETZE, J., 2010. Einführung in die Finanzmathematik, 10. Auflage, GWV Fachverlage GmbH, Wiesbaden, 2010

WÖHE, G., 1996. Einführung in die allgemeine Betriebswirtschaftslehre, 19. Auflage, Franz Vahlen GmbH, München, 1996

11. Stichwortverzeichnis

G
Geometrisch fortschreitende Renten S.90 f.
Gerundete Annuität S.105

H
Halbjahr S.14

I
Investition S.9 ff.
Investitionsbegriff S.48
Investitionsentscheidungsprozess S.44

J
Jahr S.14

K
Kapitalwert S.54 f.
Kapitalwertmethode S.55 ff.
Karenzzeit S.67

L
Laufzeit S.13
Leerzeit S.67

M
Monat S.14

N
Nominalzins S.36 ff.

P
Postnumerande S.66
Pränumerande S.67